CHARLES MOUREU

DE L'ACADÉMIE DES SCIENCES ET DE L'ACADÉMIE DE MÉDECINE

PROFESSEUR AU COLLÈGE DE FRANCE

De la petite à la grande Patrie

TOULOUSE
ÉDOUARD PRIVAT
ÉDITEUR
14, rue des Arts, 14

PARIS
HENRI DIDIER
ÉDITEUR
6, rue de la Sorbonne, 6

1928

DE LA PETITE
A LA GRANDE PATRIE

CHARLES MOUREU

DE L'ACADÉMIE DES SCIENCES ET DE L'ACADÉMIE DE MÉDECINE

PROFESSEUR AU COLLÈGE DE FRANCE

De la petite à la grande Patrie

TOULOUSE
ÉDOUARD PRIVAT
ÉDITEUR
14, rue des Arts, 14

PARIS
HENRI DIDIER
ÉDITEUR
6, rue de la Sorbonne, 6

1928

AVERTISSEMENT

On trouvera rassemblés ici des écrits composés au hasard de circonstances très diverses : discours, allocutions, conférences, etc...

Le seul titre du volume, De la petite à la grande Patrie, *indique quel esprit général anime ce modeste recueil.*

Cₕ. M.

15 novembre 1928.

A L'ASSOCIATION BÉARNAISE ET BASQUE[1]

Messieurs et chers Compatriotes,

En m'appelant à la présidence de votre Association, que tant d'hommes éminents ont illustrée, vous m'avez fait un honneur insigne, dont je suis aussi fier que profondément touché. J'étais, assurément, loin de m'y attendre. Les exigences et les luttes prolongées d'une carrière tout à la fois ingrate et pleine d'attraits m'ont empêché jusqu'à ce jour, à mon grand regret, d'être aussi assidu que je l'eusse désiré à nos diverses réunions parisiennes ; et j'ai le sentiment qu'hier encore j'étais pour beaucoup d'entre vous un inconnu. Je me plais à songer, par contre, aux nombreuses et solides amitiés que je compte depuis longtemps parmi vous. C'est à ces vieux amis, c'est à leur affectueuse et flatteuse initiative que je dois d'avoir été proposé à vos suffrages. Votre bienveillance a fait le reste. Je ne saurais, mes chers compatriotes, vous exprimer toute ma gratitude émue, et je me borne à vous dire du fond du cœur : merci pour l'éclatant témoignage d'estime et de sympathie que vous m'avez donné. Soyez

1. Discours prononcé au banquet annuel, le 11 février 1905.

assurés, en retour, de mon entier dévouement à vous tous et à notre chère Association.

Un caractère essentiel, parfaitement conforme à son titre, distingue l'Association amicale béarnaise et basque : son absolue neutralité. Les idées d'union, de concorde et de bienfaisance y règnent seules ; et tout ce qui peut ressembler, de près ou de loin, directement ou indirectement, à un ferment de division ou à une occasion de discorde, en est sévèrement banni. Un détail particulièrement significatif à cet égard est le fait que, dans l'esprit de nos statuts, aucun membre du Parlement ne doit, en aucun cas, occuper la présidence. Quoi qu'on puisse penser de cette mesure, jugée nécessaire par les fondateurs de l'Association, il est impossible de ne pas louer l'idée d'inquiète prévoyance d'où elle procède. Mais, sous certains rapports, quel dommage ! Que d'esprit et d'éloquence vous eussiez, sans nul doute, applaudi ce soir, si, à ma place, se fût trouvé tel ou tel grand orateur, dont s'honore la tribune française !

Je crois bien que nos hommes politiques ne demanderaient, en entrant ici, qu'à oublier leur qualité particulière pour se souvenir seulement qu'ils sont Basques ou Béarnais. Je les prie de m'excuser si, gardien momentané de nos intérêts généraux, je me permets de contrarier un moment cet aimable et légitime désir.

A la suite de la promulgation de la loi du 1ᵉʳ juillet 1901 et en exécution de cette loi, l'Association béarnaise et basque a été régulièrement déclarée par les soins de notre très actif et si distingué président sortant, M. Louis

Batcave. Nous existons donc légalement ; mais nos droits, m'a-t-on dit, sont fort limités. Il nous manquerait un important élément de prospérité : la reconnaissance d'utilité publique. Nos députés et sénateurs, s'il en est ainsi, peuvent nous aider puissamment à l'obtenir. J'ai la certitude de traduire l'unanimité de leurs sentiments en affirmant que nous pouvons compter, là comme en toute circonstance, sur leur appui le plus empressé et le plus dévoué.

Nos ressources matérielles, tout en augmentant chaque année, sont toujours insuffisantes. Nombreuses et profondes sont les misères à soulager. Nous voudrions pouvoir secourir plus utilement le compatriote malheureux qui, vaincu par le sort, vient frapper à la porte de l'Association. Et qu'importe d'ailleurs qu'il soit parfois le principal artisan de son infortune ? Il est Basque ou Béarnais, cela nous suffit : l'Association est la mère commune qui enveloppe d'un égal amour tous ses enfants.

Béarnais ou Basque ! Quel autre titre pourrait rapprocher plus étroitement nos cœurs et y faire germer un plus vif sentiment de fraternelle solidarité ? C'est l'ineffaçable souvenir de nos jeunes années qui revit tout entier dans ces deux mots ! C'est l'enchantement du pays natal qui apparaît à nos regards émerveillés ! C'est la piquante anecdote qui nous a tant charmés dans la *Revue du Béarn et du Pays Basque.* C'est la tradition du hameau, la légende vingt fois séculaire de la vallée. C'est encore un autre aspect de la petite Patrie : c'est la fière histoire du passé ; c'est la générosité et la loyauté de la race, son entrain jovial, la finesse de son esprit, la sûreté de son goût, la hardiesse de son imagination, et, quoi qu'on en ait dit, l'universalité de ses aptitudes.

Je veux, à ce propos, accomplir un devoir. On a souvent reproché aux Béarnais, ainsi qu'aux Basques et aussi aux Gascons, de n'avoir point aimé les sciences, non plus, d'ailleurs, que les lettres et les arts.

Au commencement du xixe siècle, Bernard Palassou, d'Oloron, correspondant de l'Institut, ami de Lavoisier et disciple de Buffon, qui lui faisait entreprendre ses recherches sur la minéralogie des Pyrénées, prouvait, en un mémoire très remarqué, que les Béarnais ont l'esprit scientifique aussi bien que littéraire.

Faut-il s'en étonner, et ces deux genres d'esprit n'étaient-ils pas fatalement destinés à se rencontrer chez eux ?

Quelques années avant Palassou, Ramond, l'observateur et le peintre des Pyrénées, instituant un parallèle entre le montagnard des Alpes et le montagnard des Pyrénées, constate la supériorité de ce dernier, qui a l'âme naturellement poétique, se plaît au pittoresque et à la majesté des montagnes, qui a « l'amour des choses étonnantes, lointaines, fameuses ». Ce goût pour les spectacles de la nature, le paysan l'a de même qui s'attarde sur la place Royale ou en face de l'Océan.

Nos immenses montagnes, avec leurs révolutions, leurs richesses minérales et leurs nombreuses sources thermales, ne devaient-elles pas exciter la curiosité du chercheur et développer en lui des qualités d'observation et de déduction, mères de toute science appliquée ?

Déjà les Romains, établis dans leurs deux capitales béarnaises, Oloron et Bencharnum, avaient fouillé les monts Cantabres pour en extraire les métaux utiles.

Les vertus de nos sources thermales, les plus anciennes des Pyrénées, furent de bonne heure mises à jour, et combien lointaine est leur célébrité ! Les Eaux-Chaudes, les plus vantées, voyaient affluer la société polie au xvᵉ et au xviᵉ siècle. Les Eaux-Bonnes sont célèbres après Pavie ; Montaigne les appelait les eaux « Gramontaises » ; elles durent leur notoriété aux Bordeu, d'Izeste, qu'on s'accorde à considérer comme les fondateurs de la médecine thermale. Que de maux elles ont guéri ! Que d'éléments, connus ou inconnus, elles renferment !

Au xviᵉ siècle, avec la Renaissance, l'Université d'Orthez, qui se pique d'encourager « les sciences divines et humaines », a des professeurs de physique et de médecine. L'un deux, Prévost, publie le catalogue des plantes médicinales des Pyrénées, qui a été réédité dans ces derniers temps par M. de Nabias.

Entre temps, la géométrie décrit des courbes gracieuses qui lui font pardonner son austérité. La Plante, de Pau, avec ses arabesques et ses méandres de feuillage, est célèbre en Europe avant les Tuileries. Au même moment, le ciseau du sculpteur s'exerce sur les murs du château des Albret.

Les pêcheurs bayonnais et basques, inventeurs, dit-on, de certains appareils utiles en mer, voguent dès longtemps vers Terre-Neuve. L'un d'eux, conte une tradition qui s'affermit chaque jour, aurait guidé Colomb à la découverte de l'Amérique.

Renau d'Elissagaray, dit Petit Renau, invente les galiotes à bombe et imagine une théorie nouvelle des manœuvres des vaisseaux; il s'appelle, sous Louis XIV, le restaurateur de la marine française.

Vers la même époque, le père Pardies, de Pau, cultive avec succès les mathématiques et devient le correspondant de Newton.

Un peu plus tard, Desault, d'Arzacq, est un des plus grands médecins et écrivains scientifiques de son temps.

Noguez, de Sauveterre, professeur au Jardin botanique de Paris, invente... la méthode Kneipp... au XVIIIe siècle.

Bertrand Pelletier, de Bayonne, enseigne la chimie à l'École Polytechnique. Il est élu, en 1791, membre de la section de chimie à l'Académie des sciences, où il siège à côté de Lavoisier. Son fils, Joseph Pelletier, de l'Académie des sciences et de l'Académie de médecine, est professeur d'histoire naturelle à l'École de pharmacie de Paris; par sa mémorable découverte de la quinine, il s'inscrit, avec son collaborateur et ami Caventou, au premier rang des bienfaiteurs de l'humanité; leur monument, érigé par souscription internationale, se dresse sur une des places publiques de notre capitale.

Labarraque, d'Oloron, se signale en chimie par des travaux restés classiques.

Plus près de nous, de Paul, de Morlaas, est un des

maîtres de la médecine moderne ; il préside l'Académie de médecine en 1873.

Duboué, de Pau, par quelques observations capitales sur la substance nerveuse chez l'animal enragé, se fait le précurseur incontesté de Pasteur dans la découverte du traitement antirabique.

Les deux frères d'Abbadie font, sur les rives du Nil, des voyages d'exploration qui sont fertiles en importants résultats scientifiques. L'un deux, Antoine d'Abbadie, préside l'Académie des sciences en 1892.

Mes chers compatriotes, je viens de faire devant vous comme une sorte d'inventaire. Il est, certes, loin d'être complet, et je n'ai parlé que du passé. Faut-il taire le présent ? Je n'aurais qu'à jeter les yeux autour de cette table pour y voir toute une série d'illustrations béarnaises, qui prolongent avec tant d'éclat la grande lignée des Bordeu et des de Paul.

D'un autre côté, la science s'est faite pratique. La houille blanche et toutes les forces de la nature, domestiquées, sont devenues les servantes dociles de nos industriels à Pau, Oloron, à Nay et ailleurs ; tandis que le sol, obéissant aux injonctions de la science, voit décupler, pour ainsi dire, sa fertilité, et que le sous-sol nous ouvre chaque jour plus grandes les avenues de ses trésors cachés.

Est-il possible de ne pas mentionner ce bel élan poétique qui, de Laruns à Saint-Jean-de-Luz, fait revivre les plus beaux jours de l'inimitable Navarrot ?

Et comment ne pas être fier de cette superbe envolée

artistique suscitée par le génial exemple de notre grand peintre bayonnais, une des plus pures gloires nationales?

Vous le voyez, mes chers compatriotes, nous ne craignons point les comparaisons; et le tableau que je viens de vous présenter, si imparfait soit-il, ne peut que nous inspirer confiance en l'avenir. J'avais donc raison tout à l'heure quand je proclamais la souplesse de l'esprit béarnais et basque? Qu'on ne vienne donc plus nier l'évidence. Si notre région est le pays des d'Artagnan — ce caractère chevaleresque n'est du reste point pour nous déplaire — elle donne aussi à la patrie, comme les races septentrionales, des hommes de travail et d'étude, de fonds et de pondération. Nous sommes prêts, autant que quiconque, pour toutes les luttes de la civilisation et du progrès; et nous y cueillerons, dans tous les domaines de l'activité, notre part, que dis-je! notre bonne part, de victoires et de conquêtes, de gloire et d'honneur.

Je m'excuse, mes chers amis, de vous avoir distraits un moment de vos conversations joyeuses, dans cette réunion tout intime et amicale.

Il me reste, pour terminer, à remplir le plus agréable de mes devoirs. Je remercie en votre nom ceux que j'appellerai les trois chevilles ouvrières de l'Association : notre trésorier, M. Maurice Champetier de Ribes, et nos deux secrétaires, M. le Dr Vignalou et M. Lacoste. Leur zèle est au-dessus de tout éloge, et ils ont droit à notre reconnaissance la plus vive.

Je tiens aussi à exprimer toute notre gratitude à

M. Masson et aux artistes de talent qui ont organisé le beau concert dont le programme et l'exécution vous charmeront tout à l'heure.

Je n'aurais garde, enfin, d'oublier M. Ducourau, qui a eu la gracieuse et délicate pensée de nous présenter quelques-unes des plus belles vues des Pyrénées.

Je bois à vous tous, mes chers amis. Adressons à tous nos compatriotes notre plus cordial salut, et ensemble levons nos verres à la prospérité de l'Association amicale béarnaise et basque.

A GÉRONCE[1]

Monsieur le Maire,
Messieurs les Conseillers municipaux,

Vous m'avez maintes fois demandé de venir présider votre distribution des prix, et chaque fois j'ai eu le regret de ne pouvoir me rendre à votre flatteuse invitation. Il m'a été possible, cette année, de l'accepter, et j'en suis tout heureux. Je vois d'abord, dans l'honneur que vous me faites, une manifestation nouvelle de l'estime et de la sympathie dont vous n'avez cessé, depuis de longues années, d'entourer mes proches, et tout spécialement mon très cher beau-père M. Bertrand Loubet. Le plaisir que j'éprouve se double de celui que j'ai à voir ici, à mes côtés, de bons et vieux amis, qui sont aussi les vôtres, et dont l'affection fidèle nous honore.

Il y a en outre pour moi, dans cette circonstance, un sujet d'émotion — et combien douce ! — que peut-être vous ne soupçonnez pas. Il y a quelque trente-cinq ans,

---

1. Allocution prononcée à la cérémonie de distribution des prix aux enfants de l'École communale, le 11 août 1911.

j'étais, comme ces enfants, sur les bancs de l'École communale, et les souvenirs de mon enfance, écoulée tout entière au village natal, me pénètrent à cette heure jusqu'au fond de l'âme. Quelle fierté le jour où j'obtins le certificat d'études primaires ! C'était aux tout premiers temps de cette moderne institution. Tous les détails de la fameuse journée sont restés gravés dans ma mémoire. Je pourrais, si je le voulais, vous redire par cœur les données exactes du problème, qui roulait sur les achats et les ventes de Pierre et Nicolas. Et je me vois encore tout tremblant, moi, humble et timide fils des champs, devant l'auguste aréopage où trônaient M. le Sous-Préfet, dont la grande barbe n'avait jamais eu sa pareille dans mon village ; M. le Maire, un grand docteur, à l'air grave et solennel, et M. l'Inspecteur primaire, chef redouté de toutes les Écoles de l'arrondissement. Et je vois surtout, pleurant de joie, l'excellent et digne maître qui m'avait préparé à cette épreuve, le « père Baqué ». Et quel accueil au toit paternel le soir du grand jour !

Mais je m'aperçois que je ne vous parle que de moi, et le moi est odieux. Peut-être a-t-il ici son excuse dans un sentiment qui, pour chacun de nous, devient plus vivace à mesure que passent les années : l'attachement au coin de terre qui nous a vus naître, et le souvenir ineffaçable des premières impressions.

C'est à vous que je veux maintenant m'adresser, mes jeunes amis. Vous l'avouerai-je ! Je serais fort embarrassé si je prétendais vous dire quoi que ce soit d'intéressant que vous n'ayez déjà entendu. Chaque année, en pareil jour, des hommes distingués, amis sincères de la jeunesse, vous dictent les conseils éclairés de l'expérience et de la raison. Je ne puis que vous les rappeler aujourd'hui. Apprenez et retenez tout ce qui vous est enseigné à l'Ecole, qu'il s'agisse de choses ressortissant à l'Instruction proprement dite ou à la Morale, ce code de la conscience. Pour se diriger dans la vie, quelque modeste que soit la sphère où l'on doive évoluer, il y a un minimum de connaissances que l'on doit posséder, comme il faut connaître et comprendre les devoirs à remplir envers ses semblables. Ce guide indispensable de l'existence, c'est à l'École, encouragée et complétée par la famille, que vous devez l'acquérir. L'Ecole est pour vous comme une première fenêtre ouverte sur le monde extérieur. Vous y apprenez le passé, avec ses grandeurs et ses tristesses; vous y voyez le présent, avec ses merveilles, ses efforts généreux dans la voie du progrès, ses magnifiques audaces, ses sublimes espérances; vous y préparez enfin l'avenir, qu'il dépendra de vous, dans une large mesure, de voir toujours meilleur.

Dites-vous bien que rien n'est inutile de ce que l'on vous enseigne, et que le savoir acquis trouve son application dans toutes les carrières, sans en excepter, quoi que vous puissiez entendre par ailleurs, la profession de laboureur, qui sera sans doute celle de la plupart d'entre vous. Que dis-je! laboureur! mais cet Art n'est-il pas le plus difficile qui soit! Il n'y a pas de Science plus complexe que l'Agriculture, comme il n'est pas d'état plus noble, ni qui fortifie davantage l'âme et le corps, que celui de l'homme des champs.

Vous n'avez pas, j'en suis sûr, oublié le joli discours que prononça devant vous, l'an dernier, ce fin lettré qu'est votre Inspecteur primaire[1]. Relisez-le, villageois de Géronce, habitants de cette belle vallée, et vous aurez plus de joie saine et pure, le soir, en rentrant de la prairie, dans le silence du sentier tortueux, à entendre « battre le cœur de la Nature », loin du bruit et des agitations de la foule, l'âme allègre et fière des fatigues gaiement supportées et du labeur utilement accompli.

Mais, mes chers enfants, j'oublie que nous sommes en fête, et que vous en êtes les héros. Je m'arrête donc. Et j'ai, au surplus, hâte de vous applaudir. Toutefois, il est un double et agréable devoir que je tiens auparavant à remplir. Je félicite vos excellents parents d'avoir su donner à notre Béarn de si beaux et de si aimables enfants, et je remercie, en votre nom, vos maîtres et vos maîtresses, pour le dévouement et le zèle éclairé qu'ils ne cessent d'apporter dans leur tâche si délicate et méritoire de former vos esprits et vos cœurs.

---

1. M. Rumeau, tué à l'ennemi en 1914.

AU JUBILÉ PAUL SABATIER[1]

Monsieur le Président de la République,

En venant rehausser de votre présence l'éclat de cette solennité, vous avez uni dans un sentiment d'unanime et respectueuse gratitude les savants français, les professeurs et les élèves de nos Universités, nos fières populations du Midi, tous ceux qui aiment et admirent le professeur Paul Sabatier, autant pour l'élévation de son caractère, pour la bonté et la générosité de son cœur que pour l'importance de ses découvertes.

Nous fêtons une haute et claire intelligence, de la plus pure race latine, un artisan fécond du progrès et de la prospérité publique, un Français à la renommée mondiale. Nous fêtons aussi un Gascon que les appels réitérés de la Capitale n'ont pu déraciner. Où trouverait-on un plus touchant exemple de fidélité au sol natal, en même temps qu'un encouragement aussi précieux à la cause de la décentralisation, si chère à nos économistes les mieux éclairés ?

1. Discours prononcé à Toulouse, le 17 septembre 1913, en présence de M. Raymond Poincaré, Président de la République, membre de l'Académie française.

Tels sont, **M.** le Président, les rares mérites que vous voulez bien honorer et consacrer aujourd'hui. Soyez-en remercié au nom de la Science, au nom de la grande et de la petite Patrie.

Comment pourrais-je vous exprimer, mon cher Sabatier, la joie et la fierté que j'éprouve à remplir la flatteuse mission qui m'a été dévolue ? Votre amitié est pour moi un des charmes de la vie. Avec quel bonheur je vous voyais gravir d'un pas allègre les échelons de la Gloire ! Et voici qu'il m'est donné aujourd'hui d'assister à ce magnifique couronnement de votre carrière. Et voici encore, par surcroît, que l'Académie des Sciences m'a confié le périlleux honneur de parler ici en son nom. Honneur immérité, que je dois à la bienveillante initiative de notre illustre confrère le professeur Armand Gautier. Qu'il me permette de saluer sa verte vieillesse. N'apporte-t-il pas dans cette cérémonie toute l'ardeur d'un juvénile enthousiasme ?

Votre biographie pourrait, mon cher ami, se résumer en quelques mots : honneur et devoir, affection et dévouement, travail continu et succès toujours grandissants.

A vingt ans, admis simultanément à l'Ecole Polytechnique et à l'École Normale, vous optez pour cette dernière. Vous en sortez premier au concours d'agrégation de Physique. Après un court passage dans l'Enseignement secondaire comme professeur au Lycée de Nîmes, impatient de pouvoir vous adonner tout entier à la recherche scientifique, vous retournez à Paris comme préparateur de Berthelot au Collège de France. A peine pourvu du grade de Docteur, vous êtes envoyé, avec le titre de Chargé de cours de Physique, à la Faculté des Sciences de Bordeaux. C'est en cette même qualité que vous entrez, deux ans après, à l'Université de Toulouse, que vous ne deviez plus quitter. En 1884, vous êtes nommé professeur titulaire de Chimie. Vous avez alors trente ans. Vous occupez, non loin de la vieille cité de Carcassonne, où vous irez revoir souvent le toit paternel, la chaire depuis longtemps convoitée. Vous fondez une famille, et votre rêve est réalisé. L'esprit libre et le cœur satisfait, vous pourrez désormais donner toute votre mesure.

Jusqu'alors, la nature de vos études et celle de votre enseignement vous avaient familiarisé surtout avec la Physique pure. On ne saurait souhaiter une meilleure préparation à la recherche chimique. Devenu professeur de Chimie, vous serez, dorénavant, de plus en plus chimiste, et vos travaux porteront tous, sans parler de leur originalité, un caractère de netteté et de précision que ne désavoueraient pas les physiciens les plus rigoureux.

Je ne puis pas me permettre d'analyser aujourd'hui, même succinctement, vos innombrables publications. J'essaierai seulement d'en faire revivre les traits généraux.

Considérée dans son ensemble comme au point de vue chronologique, votre œuvre scientifique comprend deux parties très distinctes : la première porte exclusivement sur la Chimie physique et la Chimie minérale. Vous étudiez, en vous aidant fréquemment du calorimètre et du spectroscope, divers sulfures et séléniures, les chlorhydrates de chlorures, les dérivés nitrés de l'acide sulfurique, les acides du phosphore et du chrome, l'action des oxydes insolubles sur les dissolutions salines. En dehors de la Chimie pure, qu'elles ont enrichie de curieuses espèces nouvelles, ces longues et délicates recherches ont apporté de fort intéressants documents à la Mécanique chimique et à la Spectrochimie.

Votre attention fut brusquement sollicitée par un ordre de faits tout différent. La sensationnelle découverte du nickel-carbonyle pique au vif votre imagination. Avec M. Senderens, vous mettez au jour les *métaux nitrés* : substances singulières, dont l'apparition fut une réelle surprise. Ce travail, si suggestif qu'il fût, n'était cependant qu'un prélude. Pénétrons avec vous dans le domaine de la Chimie organique : la période de grande fécondité va commencer.

C'est encore le nickel qui sera l'instrument, le principal tout au moins, des conquêtes futures. Vous abordez l'étude des actions catalytiques provoquées par ce métal et quelques métaux voisins à l'état divisé. En quelques années, encore avec la collaboration de M. Senderens, vous dotez la Chimie d'une méthode d'hydrogénation et de déshydrogénation dont le caractère de généralité le dispute à l'élégance et à la facilité d'exécution. On peut dire que tous les corps organiques, complets ou incomplets, sont justiciables de vos merveilleux réactifs. C'est un jeu pour vous, avec de simples variantes dans la technique, de saturer les molécules les plus rebelles ou de leur soustraire de l'hydrogène.

De l'exceptionnelle faveur avec laquelle le procédé fut accueilli par tous les chimistes, nul n'a perdu le souvenir : on célébra à l'envi la puissance et la souplesse de l'outil nouveau mis entre les mains des chercheurs. D'ailleurs, sa portée théorique et pratique apparaissait de jour en jour plus étendue. En reproduisant à votre gré, à partir de l'acétylène, les différentes variétés de pétroles, vous donnez corps à une théorie générale, fort vraisemblable, de leur production naturelle au sein de la terre. Il est bientôt reconnu que la méthode d'hydrogénation catalytique permet de convertir les acides gras liquides et les huiles en acides solides et graisses concrètes, et, presque aussitôt, cette observation devient la base d'une industrie puissante. Avec le *gaz à l'eau*, vous montrez qu'il est possible de préparer, à un prix de revient minime, un gaz doué d'un pouvoir calorifique élevé et nullement toxique. Résultat demeuré encore tout platonique, en vérité; mais, en matière de progrès par la Science, l'essentiel, comme on l'a dit de la Politique, est d'avoir raison. Un jour ou l'autre, le *gaz méthane* chassera de nos usines et de nos habitations le trop délétère *gaz de houille*.

Depuis une dizaine d'années, tout en poursuivant, avec M. Mailhe ou M. Murat, d'intéressantes applications de la méthode d'hydrogénation à des familles de corps de plus en plus complexes, vous ayez, avec M. Mailhe, élargi considérablement le champ de la catalyse par les substances minérales. La plupart des oxydes métalliques sont entre vos mains des catalyseurs : catalyseurs, simples ou doubles, de déshydrogénation ou de déshydratation. Vous avez montré comment leur emploi judicieux peut se prêter à la préparation de nombreuses séries de corps, dont beaucoup n'étaient encore que des curiosités de collections.

Dans la Cité scientifique, vous êtes, mon cher ami, un révolutionnaire. Vos recherches de catalyse, poursuivies, dès le premier jour, avec une magistrale logique, envahissent peu à peu, parfois en les bouleversant, les divers Chapitres de la Chimie organique. La catalyse et les idées catalytiques ont rajeuni cette science, en lui ouvrant de nouveaux et vastes horizons. Vos méthodes, à mesure qu'elles ont vu le jour, sont entrées de plain-pied dans le grand classique, et il n'est pas de laboratoire de Chimie organique qui ne possède les appareils nécessaires pour reproduire vos réactions.

Dans un tout autre ordre d'idées, dirai-je maintenant à quel point vos travaux intéressent les biologistes? N'avez-vous pas vous-même, tout au début, assimilé vos métaux divisés à de véritables ferments, en mettant notamment en évidence leur extrême sensibilité vis-à-vis de certaines substances capables de les empoisonner et de les tuer? Et qui pourrait prévoir les conséquences d'un semblable rapprochement, nouvelle preuve de l'unité des forces de la nature?

Mais je dois m'arrêter. Le sillon que vous avez tracé est large et lumineux. Vous êtes un novateur. Par leur clarté, leur hardiesse et leur simplicité, vos travaux reflètent fidèlement le génie de notre race, et il en est peu, au cours du dernier quart de siècle, qui aient autant contribué à accroître le prestige de la Science française dans le monde.

Si rien n'égale, pour le savant, l'émotion dont il se sent enivré quand il s'élève le premier sur un des sommets de l'inconnu, le sort, mon cher ami, vous a comblé ; car, de ces jouissances supérieures, vous avez eu la part qui n'est réservée qu'à l'élite. Personnellement, vous étiez satisfait ; mais la Société, elle, n'était point quitte envers vous. De bonne heure, les sanctions officielles vous désignèrent à la considération publique. Il y a douze ans, l'Académie des Sciences vous donnait le titre envié de Correspondant. Elle vous a d'ailleurs attribué les plus importantes récompenses dont elle dispose. Elle eût voulu faire plus et mieux. Mais vous résidiez en province, d'où la Sorbonne chercha vainement à vous arracher, et le règlement de l'Institut était rigide. Que ce règlement fût suranné, vous en étiez la vivante démonstration. Il fallait le moderniser. Six places de membre non résident sont créées, et l'Académie vous nomme à la première. Jusqu'à ce jour, nous n'avions l'Institut de France que de nom ; nous l'aurons en fait, dans l'avenir, puisque les savants de nos Universités régionales pourront briguer le suprême honneur à l'égal de leurs collègues parisiens. Ce résultat est dû, pour une part prépondérante, à l'irrésistible poussée de vos travaux, et ce ne sera pas le moindre des services qu'ils auront rendus à la Nation, dont les forces intellectuelles risqueraient de devenir stériles si elles continuaient à rester trop concentrées.

Pourrais-je ne pas rappeler les distinctions qui vous sont venues de l'Étranger? Il y a deux ans, vous exposiez vos études sur la catalyse devant la Société chimique de Berlin. Pareille invitation n'avait jamais été adressée à un Chimiste français, et chacun put remarquer que c'est en français que votre conférence parut dans le Bulletin allemand. En proclamant ainsi, dans une période de tension diplomatique, que la Science ignore les frontières géographiques, nos voisins donnèrent un exemple de haute courtoisie internationale.

Le prix Nobel, que vous avez partagé avec un autre Français, le professeur Victor Grignard, de Nancy, dont le nom est attaché à l'une des plus fructueuses découvertes de la Chimie actuelle, vous a fait classer parmi les illustrations de notre époque. Quel sentiment de légitime fierté fut le nôtre quand arriva la nouvelle du jugement rendu par le grand aréopage de Stockholm!

Vous donnez, mon cher ami, un formel démenti à l'un de nos plus vieux proverbes : vous êtes prophète dans votre pays. Vos titres à l'attention générale ont eu leur écho naturel dans l'amour-propre des Toulousains; et leur cœur s'est empli de reconnaissance émue en apprenant que, malgré les sollicitations les plus pressantes, vous aviez voulu rester au milieu d'eux. On pourrait dire que vous êtes, dans l'ordre de la Science, le Frédéric Mistral de la Gascogne. Votre popularité y est telle qu'en votre personne l'Académie des Jeux Floraux, en dépit de la tradition tant de fois séculaire, s'empressa d'ouvrir sa maison, jalousement littéraire, à un candidat uniquement célèbre pour ses inventions scientifiques. Mais votre discours de réception, sur la Science et la Poésie, lui donna la certitude que vous ne seriez pas des derniers à mériter le sourire de Clémence Isaure.

C'est avec tout votre cœur qu'en retour vous vous prodiguez pour vos compatriotes. A la Faculté des Sciences, dont vous êtes le Doyen depuis huit ans, vous créez l'Institut de Chimie, l'Institut Électrotechnique, l'Institut agricole. Partout, vous professez vous-même, et avec un entrain qui n'a d'égal que votre remarquable talent d'exposition. Toulouse est devenue un véritable foyer d'éducation scientifique et technique, où se donnent rendez-vous les élèves des Universités étrangères les plus lointaines. Il en résulte, dans toute la région, un surcroît d'activité qui exerce une heureuse influence sur la prospérité générale.

MON CHER AMI,

Au sein des affections les plus chères, celle de vos enfants, celle de votre sœur bien-aimée, qui veille maternellement sur eux depuis que la meilleure des mères leur fut ravie ; entouré de vos amis, de vos élèves, de vos concitoyens, de vos collègues universitaires et de vos confrères des Académies; en présence du Chef aimé et respecté de l'Etat, goûtez, en ce moment, dans la vigoureuse maturité de votre âge et le plein épanouissement de toutes vos facultés, une des formes du bonheur les plus rares qu'il puisse être donné à l'homme de connaître : recevez, dans cette solennelle manifestation de la gratitude publique, la glorieuse récompense que la Patrie se plaît à décerner à ceux de ses fils qui l'ont le plus utilement servie.

AUX OBSÈQUES

DE

JACQUES-CHARLES BONGRAND[1]

Mon Colonel,
Messieurs,

Je viens apporter l'adieu suprême à une âme d'élite et m'incliner avec respect devant un héros.

Honneur et devoir, affection et dévouement, science et conscience, patrie et sacrifice, toute la vie et la trop brève carrière de Jacques-Charles Bongrand tiennent en ces mots.

Il était né à Paris, le 14 mai 1884, de parents eux-mêmes Parisiens. Son père, qui exerçait la médecine au quartier latin, mourut jeune encore, laissant à sa veuve inconsolable, et toujours inconsolée, comme unique mais inappréciable héritage, un nom hautement honoré et trois fils qui seront dignes de lui. Les trois orphelins furent élevés à l'École Alsacienne. Jacques, comme ses frères, y fit de fortes et solides humanités, avec des

---

1. Allocution prononcée, le 18 avril 1916, au cimetière de Bénamesnil (front de Lorraine), sur la tombe du lieutenant J.-Ch. Bongrand, tué à Reillon le 15 avril 1916.

professeurs remarquables, parmi lesquels M. Théodore Steeg, qui devait, dans la suite, devenir Grand-Maître de l'Université.

A dix-huit ans, il entrait, après un concours brillant, à l'Institut de chimie appliquée de la Faculté des Sciences de Paris. Sa scolarité, coupée par une année de service militaire accomplie dans un régiment d'infanterie, fut marquée par de constants succès, qui le plaçaient toujours en tête de sa promotion. Tous les maîtres de l'Etablissement répètent à l'envi qu'ils n'eurent jamais élève plus distingué.

Ingénieur-chimiste et licencié ès sciences, Jacques-Charles Bongrand avait le choix entre la Science pure et ses applications. Il choisit la Science. Avec quel empressement je l'accueillis dans mon laboratoire, trop heureux et fier d'avoir à guider l'intelligence d'un sujet aussi méritant !

Une étroite collaboration commença aussitôt. Dans les travaux de la Guerre comme dans ceux de la Paix, elle devait durer, sauf quelques interruptions, jusqu'à la mort du jeune savant. Ce que fut cette intimité de dix années, je ne saurais le dire sans un sentiment de gratitude émue. Outre sa lucide intelligence et son érudition, son talent d'observation et son habileté de manipulateur, ainsi qu'un robuste bon sens et un jugement éprouvé, toutes qualités dont il trouvait l'application quotidienne dans l'investigation chimique, comme aussi dans ses fonctions de Secrétaire de la Rédaction de la *Revue Scientifique*, Bongrand possédait les dons, plus rares peut-être, du caractère et du cœur. Profondément bon et loyal, affable et doux, avec une pointe de mélancolie, d'une grande modestie, serviable à l'excès, d'une inflexible droiture, d'une délicatesse, d'une sensibilité, d'une discrétion et d'un tact exquis, d'une parfaite éducation et, par surcroît, d'une distinction naturelle qui attirait l'attention, un véritable charme se dégageait de toute sa personne, commandant dès l'abord une irrésistible sympathie. On ne lui connaissait ni ennemis ni indifférents. Tous ceux qui l'approchaient étaient immédiatement conquis. Il est peu d'hommes aussi bien nés pour être, tout à la fois, aussi estimés et aussi aimés. Les longues et trop courtes heures passées auprès de lui compteront parmi les meilleures de mon existence, et je garderai à sa mémoire un souvenir fidèle et attendri de reconnaissance et d'affection.

La Guerre éclate. Bongrand va se hausser jusqu'aux sommets de l'héroïsme. L'ordre de mobilisation l'appelle à Sens, où il lui faut, six mois durant — et quels terribles mois ! — réprimer son impatience de combattre, pour assurer, en qualité de sergent, l'instruction des nouvelles recrues enrôlées d'urgence. Arrive enfin l'heure du front. Bongrand est sous-lieutenant de la veille. Peu de semaines après, le 16 février 1915, il tombe, au Bois-le-Prêtre, avec les quinze hommes qu'il menait à l'assaut. Seul survivant, on le relève l'épaule broyée et un éclat d'obus dans le poumon. Il subit, à intervalles rapprochés, trois opérations chirurgicales. Bientôt c'est la convalescence. Elle sera longue, mais non stérile.

Le 22 avril, les Allemands, par une nouvelle violation de leurs engagements internationaux, inauguraient les attaques par gaz asphyxiants. En dépit des répugnances d'une vieille civilisation latine, il fallait se défendre et riposter. Le rôle de la Chimie dans cette Guerre, déjà si considérable, allait s'étendre dans des domaines inattendus.

Bongrand n'est pas guéri, et le scalpel devra encore faire son œuvre, Mais notre invalide est chimiste, et il s'en souvient : il passera au laboratoire le délai exigé pour la guérison ; la complaisance des camarades remplacera le bras hors d'usage. Quelques mois s'écoulent dans la fièvre de la recherche. Les études sont fructueuses et aboutissent à des réalisations pratiques. Mais notre convalescent est redevenu presque valide, et il veut que le chimiste, dans l'accomplissement du devoir tel qu'il lui apparaît, cède le pas à l'officier combattant. « Je suis guéri, me dit-il. Vous avez autour de vous d'excellents assistants. Ma place est désormais à la tête de ma section. » J'objecte l'urgence des recherches qu'il laisse inachevées et des fabrications à organiser. Je lui parle aussi de l'avenir, dont il est sage de se préoccuper : le pays aura besoin de savants jeunes et actifs. Au surplus, n'a-t-il pas déjà payé sa dette de sang, comme en témoigne la Croix de Guerre qui décore sa poitrine ? Vaines raisons. Impuissant à le retenir de gré, je le retiens de force. Je demande et j'obtiens son rattachement d'office à l'Inspection des Etudes et Expériences chimiques, non toutefois sans lui avoir concédé que sa mission y serait toute temporaire.

Ajouterai-je que sa guérison, quoiqu'il prétendît, était encore fort incomplète ? Une quatrième et dernière opération dut être pratiquée. Cette fois, il se trouvait définitivement rétabli.

Le voici à la veille de rejoindre le front. Je fis un dernier et paternel effort pour le ramener à la saine raison ; ses collègues et ses proches le pressèrent d'affectueuses réprimandes. Peine inutile ; ne voyant son devoir qu'au combat, il me supplia de lui rendre sa liberté. « J'ai sur le cœur, déclara-t-il comme argument décisif, la mort de mes quinze hommes qui furent tués à mes côtés. Je veux les venger. Je reviendrai ensuite faire avec vous la Guerre chimique, si mes services peuvent encore vous être utiles. » Que faire ? Fallait-il de nouveau violenter une telle conscience ? Je ne m'en reconnus pas le droit. Et ne savais-je pas, au surplus, qu'il avait toutes les qualités qui font les vrais chefs ? Il partit, plein de confiance, et avec un entrain magnifique.

Vous savez le reste. Les jeunes officiers de sa trempe sont trop souvent voués à la mort.

Il est tombé glorieusement, dans l'enthousiasme de la flamme patriotique, le cœur empli du plus pur et du plus noble idéal.

Sa dernière pensée, sans doute, fut pour sa mère tendrement aimée, femme admirable, aussi distinguée d'esprit que grande par le cœur. Ils ne s'étaient jamais quittés avant cette effroyable tragédie. Hélas ! quelle brutale et cruelle séparation !

La malheureuse mère, abîmée dans sa douleur, est anéantie. Immense est le sacrifice; mais il est incomparablement beau, et cette beauté est peut-être la seule consolation pour une âme haute comme la sienne. Pourtant, deux fils, et combien semblables à l'absent, lui resteront; et, plus tard, dans les années lointaines, l'écho jamais éteint des regrets et des louanges sera doux à ses oreilles maternelles. Et ce sera, tout de même, un peu de soulagement.

Noble et vaillant ami, votre vie est un exemple et une magnifique leçon. Je vous admire autant que je vous ai aimé. Au nom de notre Laboratoire d'Etudes chimiques de Guerre, que votre mort remplit de fierté et de poignante émotion, au nom de vos innombrables amis, je vous dis adieu, et, peut-être — qui ne voudrait au moins l'espérer ? — peut-être au revoir.

A LA GARBURE[1]

Mes chers Compatriotes,
Chers Amis,

Voici renouée la tradition de la Garbure, après une discontinuité formidable. Chacun s'était donné tout entier, avec toutes ses forces, à la cause suprême, le salut du Pays. Nous avons connu les angoisses mortelles et l'ivresse des enthousiasmes. En nous retrouvant à nouveau réunis aujourd'hui, après l'effroyable drame, après la victoire, nous sommes heureux, certes, mais à notre joie se mêle la grande tristesse des grands deuils. Il s'y mêle aussi, pour notre consolation. une immense fierté. Saluons avec toute notre reconnaissance et avec toute notre tendresse ces innombrables héros béarnais et basques morts pour la France, qui tant de fois, à Charleroi, à Craonne, en Alsace, à Verdun, à Montdidier, partout, arrachèrent des cris d'admiration aux témoins de leur courage intrépide, doublé d'un entrain superbe et de la plus inaltérable belle humeur. Nous savons avec quelle magnifique et touchante abnégation leurs familles rési-

1. Allocution prononcée le 4 février 1920.

gnées acceptent le plus douloureux de tous les sacrifices; qu'elles nous permettent de leur exprimer ici notre sympathie la plus profonde et la plus compatissante.

Pour terribles qu'ils aient été, les événements de la grande Guerre n'ont pu nous détourner complètement de ce qui faisait d'ordinaire, de loin en loin, l'objet de nos fêtes spéciales dans ce cercle tout familial de la petite Patrie. Je suis assuré de répondre à l'unanimité de vos sentiments en reportant un instant votre souvenir à deux années en arrière, pour y retrouver, dans l'élection de Louis Barthou à l'Académie française, une nouvelle et exceptionnelle source de fierté béarnaise. Votre entrée dans la célèbre phalange, mon cher ami, était prévue et légitimement attendue. Vos titres, en se précisant, en se renforçant et en s'accumulant d'année en année, avaient acquis un caractère impératif. Ce que l'Académie a consacré en vous appelant à elle, c'est tout d'abord l'éloquence de l'orateur politique, dont les succès à la tribune eurent tant de retentissement. C'est ensuite l'homme d'Etat, le grand pa⸱iote, le ministre clairvoyant de la loi de trois ans, de c⸱tte loi vitale sans laquelle le flot de la Barbarie nous eût, en quelques semaines, irrémédiablement submergés. C'est encore le conférencier vibrant, qui, durant toute la tourmente, et surtout aux heures les plus sombres, n'a cessé de faire entendre les accents émus de sa parole enflammée, stigmatisant l'Allemagne parjure et criminelle, et communiquant aux auditoires galvanisés toute sa foi dans les destinées de la France immortelle. C'est enfin le lettré délicat, l'écrivain précis et vigoureux, clair et concis, auteur de remarquables études sur Mirabeau et sur Lamartine, pour ne citer que ces deux ouvrages, qui comptent parmi les productions littéraires les plus goûtées de notre époque. Vous êtes, à ma connaissance — je ne suis pas remonté jusqu'au fondateur, le grand Cardinal — vous êtes le premier Béarnais admis au nombre des Quarante. Sujet d'orgueil sans pareil pour vos compatriotes, qui vous sont reconnaissants d'un tel éclat jeté sur la terre natale. « Lou nouste Louis qu'a marchat beroy. »

Je pourrais maintenant, mon cher ami, considérant le seul point de vue politique, rappeler que naguère vous fûtes par deux fois ministre : ministre d'État d'abord, et ensuite ministre des Affaires étrangères. Mais ces sortes d'accidents ont été si fréquents dans votre carrière que nous y sommes accoutumés et que nous ressemblons, sous ce rapport, à des enfants gâtés, attendant quelque chose d'inédit, comme tel grand fauteuil, à moins que tel autre grand devoir ne vous sollicite. Mais n'en disons pas plus.

Puisque notre département est une terre à ministres, je devrais aussi complimenter Léon Bérard, qui a été, ces derniers mois, Grand-Maître de l'Université. Mais les hasards des combinaisons politiques ne lui ont pas laissé le temps de donner sa mesure dans ce poste d'honneur, où les intelligences d'élite comme la sienne peuvent accomplir l'œuvre la plus féconde pour l'avenir de la Nation. Au reste le député redeviendra ministre, et je souhaite personnellement que ce soit de nouveau à la rue de Grenelle, où nous reprendrons, s'il le veut bien, la suite de notre conversation.

Dans des ordres d'idées tout différents, il faudrait rappeler encore nombre d'événements heureux. Je me permettrai de me limiter à un seul. Notre compatriote biarrot Ernest Fourneau, professeur à l'Institut Pasteur, a été élu membre de l'Académie de Médecine. L'illustre compagnie a tenu à s'attacher de bonne heure ce jeune savant de quarante-cinq ans, qui depuis longtemps déjà s'était signalé par d'importantes découvertes dans la Chimie thérapeutique. Son laboratoire est un actif foyer de recherches où se pressent les chimistes étrangers, attirés par la renommée toujours grandissante du maître. Nous nous réjouissons de vos succès, mon cher Ernest, et nous applaudissons par avance à vos découvertes prochaines.

Enfin, nous avons une dernière catégorie de lauréats à fêter. En votre nom j'adresse les plus chaleureuses félicitations à nos sept députés et à nos trois sénateurs récemment élus ou réélus, à notre nouveau bloc parlementaire issu de la sagesse de nos paysans béarnais et basques.

Mes chers amis, je lève mon verre à la gloire, si belle et si pure, du Béarn et du pays Basque. Je bois à tous nos compatriotes, à notre vieille Garbure reconstituée. Je bois à toutes vos santés.

LA SCIENCE DANS LA GUERRE ET DANS LA PAIX[1]

Monsieur le Ministre,

Mesdames et Messieurs,

L'Humanité, après l'effroyable drame, est toute désemparée. Quinze millions de tués, dix millions d'infirmes, quinze cents milliards de richesses anéanties, l'universel bouleversement de toutes choses, au total, des fleuves de sang et de larmes et la misère générale, telle est la rançon dont elle a payé le salut de la Civilisation. Tandis

---

1. Conférence donnée au casino de Biarritz, le 17 septembre 1921, sous le patronage de M. Louis Barthou, de l'Académie française, ministre de la Guerre, et sous la présidence de M. Léon Bérard, ministre de l'Instruction publique, au bénéfice de l'œuvre du monument aux morts de la Grande Guerre.

Je traitai le même sujet à Saint-Denis de la Réunion, le 11 septembre 1923 (au cours d'une mission scientifique), devant une brillante assemblée, sous la présidence de M. le gouverneur Lapalud.

Différentes études se trouvent résumées dans cette conférence : *La Chimie et la Guerre* (lecture faite à l'Institut, à la séance publique annuelle des cinq Académies du 25 octobre 1920) ; *La Science dans la Guerre et dans la Paix* (Revue de France, 15 janvier 1922), etc.; voir aussi : *la Chimie et la Guerre, Science et avenir* (chez Masson).

qu'elle panse ses plaies elle se recueille, et, à la lumière du passé, regarde vers l'avenir. Le spectre de l'épouvantable fléau l'obsède, et elle cherche, anxieuse, quel est l'état d'équilibre du monde qui l'en préservera pour jamais. Les diplomates discutent, et les généraux veillent.

La situation intérieure des Etats, subissant le fatal contre-coup des événements extérieurs, est partout profondément troublée. C'est une effervescence générale. Chacun est gravement soucieux du lendemain. Chaque peuple sent qu'une nouvelle existence commence pour lui, et il veut que les bases en soient solides, parce qu'il les veut durables. Être fort, et de toutes les manières, voilà le grand but, l'indispensable viatique.

Très diverses, les données du problème se précisent peu à peu aux yeux des différentes nations. Toutes font l'inventaire de leurs ressources, toutes révisent leurs méthodes et supputent les chances à attendre des résolutions prochaines. Jamais tant de préoccupations redoutables n'avaient encore assombri l'esprit et le cœur des hommes.

La France, dans l'énigme formidable de l'avenir, suivra sa destinée : éclairer et guider le Monde. Elle le doit et elle le peut. Elle le doit sous peine de renier tout son passé ; elle le peut si elle le veut.

Ensanglantée, haletante, sans cesse abreuvée d'amertumes et odieusement calomniée, la France porte au front la couronne de gloire la plus pure, celle des sublimes sacrifices et des grandes douleurs. Jamais son prestige moral ne fut si grand, et aucune nation, à aucune époque, n'en connut jamais de pareil. Mais la France, naguère prospère et riche, est épuisée et ruinée, et elle plie sous le fardeau, encore accru chaque jour par les plus cruels abandons, des dettes immenses contractées pour la cause suprême.

Qu'importe ! Sa mission historique exige qu'elle soit forte, elle le sera. Douter d'elle, de sa vitalité, de sa « force de résurrection », de sa « faculté de rebondissement », douter que, par un précoce relèvement économique, en dépit d'obstacles surhumains, elle ne s'impose encore à l'admiration du Monde, ce serait ignorer sa grande Histoire, ancienne et récente, ce serait ignorer la vertu miraculeuse du vieux sang gaulois.

Il s'agit, mettant à profit les leçons du passé, de bâtir l'avenir. S'il appartient aux homm.. es d'Etat de rechercher les causes lointaines des grands événements et d'en dégager les enseignements qu'elles comportent, il nous suffira, du point de vue spécial de cette étude, de considérer surtout le grand cataclysme qui vient d'ébranler le Monde. La guerre de 1914-1918 se présente, en effet, aux yeux de l'historien et du philosophe, comme la plus vaste expérience qu'ait jamais faite l'Humanité. Pour la première fois on y a vu chaque partenaire jeter dans la balance du destin la totalité de ses ressources matérielles et morales. Parmi ces ressources, celles que crée la Science, par la conquête et la mise en œuvre des forces de la Nature, se sont révélées comme un élément essentiel de la Défense Nationale et un facteur de victoire décisif. Et voici que — la constatation, pour tardive qu'elle soit, n'en est pas moins de bon augure — l'on en vient à voir aussi dans la Science un facteur primordial de relèvement économique et de sécurité du pays, en attendant qu'elle devienne la source la plus abondante de la prospérité générale.

**

Bien que la Science, comme il serait aisé de le montrer, se trouve nécessairement, dans notre société moderne, à la base des manifestations de toute activité, depuis les plus pacifiques jusqu'aux plus violentes, il est manifeste qu'une date précise a néanmoins marqué, pour la multitude, son entrée en scène dans le grand conflit mondial. Le 22 avril 1915, vers cinq heures du soir, un épais nuage de vapeurs lourdes, d'un vert jaunâtre, sortait des tranchées allemandes, entre Bixchoote et Langemark, et, poussé par la brise, arrivait sur les lignes alliées, suivi par des contingents ennemis, qui s'avançaient en tirant des coups de fusil. Toute une division française fut atteinte. Sans aucune protection, malgré la toux et les suffocations violentes, beaucoup d'hommes tinrent bon devant la vague gazeuse. Leur heroïque ténacité fut payée de leur vie.

L'Allemagne venait d'inaugurer la guerre des gaz par une nouvelle violation de ses engagements internationaux. Désormais, la Chimie allait être au premier plan de l'actualité.

Fixons principalement notre attention sur cette science.

Par sa position au centre des diverses disciplines, par le
caractère universel de ses applications, par la réaction
directe qu'exerce l'Industrie chimique sur toutes les autres Industries, dont elle reçoit les matières premières
et l'outillage, et qu'elle ravitaille en produits de transformation de toutes sortes, le champ que la Chimie offre
à nos réflexions est sans limites. Au surplus, hâtons-
nous d'ajouter que nous y trouverons des sujets de regrets, certes, mais aussi bien des raisons d'espérance et
de confiance.

Nous envisagerons surtout, dans ce qui va suivre, le
cas de la France en face de l'Allemagne.

La science chimique fut constituée, vers la fin du
xvIII⁰ siècle, par notre immortel Lavoisier. Nom illustre
parmi les plus illustres, que les générations placent
toujours plus haut à mesure que les découvertes succè-
dent aux découvertes, tant étaient solides les fondations
établies, en moins de quinze années, par ce grand génie.

Grâce au recul du temps, qui seul permet de remettre
hommes et choses à leur vraie place, tout juge impar-
tial reconnaîtra que les grands continuateurs de Lavoisier sont encore, dans la plus large proportion,
des Français. Les noms de Berthollet, Gay-Lussac, Dumas, Laurent, Gerhardt, Wurtz, Pasteur, Berthelot,
Sainte-Claire-Deville, Curie, pour nous en tenir à quelques-uns des plus grands, brillent d'un éclat qui défie
l'épreuve des siècles. Certes, il serait impossible, sans
être profondément injuste, de nier la part importante
qui revient, dans les progrès de la Chimie, aux décou-

vertes de Richter, Liebig, Bunsen, Kékulé, Hofmann, Baeyer, Fischer. Mais nul ne saurait soutenir de bonne foi que la portée des travaux de l'École française ne surpasse pas de haut celle des travaux de l'École allemande.

En définitive, la Chimie française a été surtout une chimie de profondeur, d'avant-garde et de perpétuelle jeunesse, proclamant et démontrant les grands principes, constituant les doctrines, découvrant sans cesse de nouveaux et larges horizons.

Ainsi se présente, pour qui voit les choses de haut, le bilan franco-allemand sur le terrain de la Science pure.

Si l'originalité, la faculté de synthèse et d'intuition, la hardiesse des vues et des conceptions, toutes qualités qu'on s'accorde à reconnaître à l'esprit de notre race, sont indispensables aux auteurs de découvertes primordiales, d'autres facteurs, d'ordre tout différent, interviennent quand on aborde le problème des applications.

Ici, l'importance numérique des cerveaux et des bras travaillant en usine ; la méthode, la discipline à tous les degrés de la hiérarchie ; la richesse du sol et du sous-sol, les facilités de transport par terre et par mer, le prix de l'énergie mécanique et de la main-d'œuvre ouvrière ; l'harmonie générale dans les services ; un régime fiscal et douanier favorable ; la solidarité industrielle et commerciale entre les producteurs ; bref, une bonne et puissante organisation, sont choses qui prennent le pas sur toutes les autres. Il est hors de doute que sur la plupart de ces points la France était inférieure à l'Allemagne.

Passant aux résultats, que voyons-nous ? Dans l'industrie des corps minéraux : métallurgie, électrochimie, industrie des acides, de la soude, etc., la place de la France, en dépit de quelques graves lacunes, comme celle des industries du chlore liquide, du brome et de la potasse, était honorable.

Si, d'autre part, l'on peut remarquer que la fabrication des grands produits minéraux, ordinairement doués d'une grande stabilité, ne fait le plus souvent appel qu'à des connaissances chimiques fort sommaires, et que, du moins pour la mise en œuvre de procédés bien établis et qu'on ne cherche pas à améliorer, les rôles de l'ingénieur et du mécanicien y deviennent prépondérants, tout autre est le cas des substances organiques, infiniment plus subtiles et délicates. Les industries organiques exigent, outre des ingénieurs et des mécaniciens, comme partout ailleurs, un personnel chimique nombreux et très instruit à tous les stades de la fabrication, faute de quoi l'on court presque toujours au désastre. Pour des raisons que nous n'examinerons pas ici, nous n'avions pas ce personnel, si ce n'est dans une mesure des plus restreintes.

Les usines allemandes, par contre, en étaient largement pourvues, et on y voyait fréquemment des chercheurs de réelle valeur, auteurs de travaux remarquables. Cela, disons-le en passant, coûtait cher sans doute, mais les grandes fabriques donnaient de vingt à trente pour cent de dividende aux actionnaires.

Faut-il s'étonner, dès lors, de la supériorité écrasante de l'ensemble des industries organiques allemandes sur l'ensemble des industries organiques françaises ? On sait que, dans le domaine des matières colorantes dérivées de la houille, l'Allemagne avait un véritable monopole mondial. Et pourtant ce n'est point en Allemagne, mais en Angleterre et en France, qu'avaient vu le jour les premiers colorants synthétiques et les premières installations industrielles.

Mais l'Allemagne voulait asservir le monde. Et elle voyait avec raison dans son industrie chimique une des armes les plus puissantes sur lesquelles son orgueil pût compter. Aussi rien ne lui coûtait pour développer sans cesse et toujours cet instrument de conquête économique, qui pourrait aussi, — et ce point de vue lui apparaissait comme capital, — au moment choisi par elle et grâce à une rapide adaptation dès longtemps prévue et préparée, servir ses fins militaires avec un succès qu'elle espérait devoir être décisif. On peut tenir pour certain que sans la puissance de son industrie chimique, sans ses usines de matières colorantes, aisément et rapidement transformables, le cas échéant, en usines à explosifs ou autres produits de guerre éventuels, sans la situation misérable, qu'elle connaissait bien, de notre industrie en face de la sienne, jamais l'Allemagne ne nous eût déclaré la guerre.

L'expérience est faite que l'Allemagne manque de psychologie. Elle voit surtout les apparences matérielles des choses. Les forces morales, les énergies latentes, les « impondérables », lui échappent le plus souvent. Ce fut sa grande cause de faiblesse. Elle devait lui être fatale.

La guerre éclate. Le flot de l'invasion, à travers la Belgique violée et assassinée, déferle jusqu'à la Marne. L'héroïsme de nos troupes, commandées par des chefs de génie, le repousse jusqu'à l'Aisne. La guerre de mouvement cesse après quelques semaines, pour ne reprendre qu'après quatre années de tranchées et se poursuivre alors jusqu'au triomphe de nos armes.

Au lendemain de la Marne, tant de sang ayant été versé, tant d'armes et de munitions dépensées, nous étions épuisés. Il fallait refaire nos forces pour continuer la route ou se résoudre à l'esclavage : on luttera. Pendant que le poilu tiendra le monstre à la gorge, on armera à l'arrière. La guerre industrielle va commencer.

Pendant quatre ans toute la Nation, hommes et femmes de tout âge et de toutes conditions, sera debout jusqu'à la victoire intégrale. Le terrain de combat des techniciens : ingénieurs, chimistes, électriciens, mécaniciens, ouvriers spécialistes, sera désormais le laboratoire, l'atelier, l'usine. C'est par centaines, par milliers, que surgiront sur tout le territoire ces vastes ruches modernes, où ne cessera de régner jusqu'à la fin la plus fiévreuse activité.

Dirons-nous les immenses efforts poursuivis et les prodigieux résultats obtenus de part et d'autre? Comment s'acquitter d'une semblable tâche, quand l'imagination reste confondue devant l'énormité des chiffres de production ! Pour ne parler que de quelques fabrications françaises, c'est par centaines de milliers de tonnes que se comptent les poudres et explosifs, par dizaines de milliers de tonnes les gaz de combat, par dizaines de millions les masques et engins divers antiasphyxiants, par dizaines de milliers de tonnes les substances fumigènes pour nuages artificiels, par dizaines de milliers de tonnes les enduits et vernis destinés aux ailes d'aéroplanes, par dizaines de milliers d'hectares la surface du matériel ou des installations camouflées par la teinture ou la peinture, par dizaines de milliers de tonnes les médicaments (dont plus de cent tonnes de quinine pour l'armée d'Orient).

L'Industrie chimique constituait l'un des facteurs principaux de la lutte, qui exigeait une production toujours croissante de munitions, ainsi que de produits manufacturés de toutes sortes, destinés aux armées et aux populations civiles. Dans l'un et l'autre camp le problème chimique était vital.

Si l'Allemagne bloquée, privée de nitrates du Chili, n'eût pas réussi à produire en abondance, à partir de l'azote de l'air, l'acide nitrique nécessaire à la fabrication des poudres et explosifs — point capital dont il semble bien, au surplus, qu'elle ait attendu d'avoir trouvé la solution définitive pour déclancher le grand cataclysme — il est vraisemblable que la guerre, avec toutes ses horreurs, au lieu de se prolonger durant quatre mortelles années, eût cessé brusquement, vers la fin de 1915, par la capitulation des Empires centraux. Et l'on peut assurer que l'œuvre de la trop célèbre usine dite « Badische », dont les frais d'installation n'avaient

pas dépassé ceux d'une journée de guerre, a coûté à la
France plus de sang que la plus sanglante des ba-
tailles, plus de sang que la Marne, plus de sang que
Verdun même.

Il y eut aussi, chez nos ennemis, la crise des métaux,
des textiles, du caoutchouc, des corps gras, des denrées
alimentaires, etc. D'ailleurs, toutes choses se tenaient
dans la Chimie de guerre. Et l'alternative était toujours
terrible. Si, par exemple, l'on privait l'agriculture d'engrais azotés, pour réserver l'azote à la fabrication des
poudres et explosifs, ou encore si l'on prélevait les quantités voulues de pommes de terre, cette grande denrée
germanique, pour la production des énormes stocks
d'alcool nécessaires à la fabrication des mêmes substances, on affamait la population. Ainsi se trouvaient
intimement liés et enchevêtrés les problèmes de la chimie des munitions et de la chimie alimentaire; et il nous
serait aisé de montrer encore qu'au problème des munitions se rattachait aussi de la manière la plus étroite,
par le coton, celui des industries textiles et du vêtement.

A cette situation angoissante l'Industrie chimique allemande sut remédier, dans toute la mesure du possible,
en comblant les déficits et en créant partout des produits
de remplacement, des *erzats*. C'est grâce à la puissance
de ses laboratoires et de ses usines que l'Allemagne put
obtenir des résultats aussi essentiels. L'effectif du personnel chimique était considérablement plus grand que
le nôtre. Tous les chimistes nécessaires furent rapidement mis à la disposition des savants et des industriels.

Et ainsi, plus de quatre années durant, l'Allemagne put subvenir à une infinité de besoins de tous ordres, dont quelques-uns l'enfermaient dans l'implacable dilemme : produire ou capituler.

Plus grand, plus méritoire encore, fut l'effort chimique de la France. La partie engagée comportait pour elle d'effroyables difficultés, que nos ennemis tenaient même pour insurmontables.

Si nous jouissions des inappréciables avantages inhérents à la maîtrise des mers, trop efficacement combattue, il est vrai, par la guerre sous-marine, par contre, nos régions les plus industrielles, ainsi que notre laborieuse et riche alliée, la Belgique, se trouvaient au pouvoir de l'ennemi. Dans l'ensemble, notre Industrie chimique, nous ne saurions trop le répéter, était misérable comparée à celle de l'Allemagne. Et, sans parler de quelques branches d'extrême importance qu'il y avait à créer de toutes pièces, toutes les autres productions devaient être triplées, décuplées, centuplées. Pour cette tâche immense nous ne disposions que de quelque deux mille chimistes.

Et cependant nous pûmes tenir et, finalement, vaincre. Si notre « rétablissement militaire » sur la Marne sauva la France près de succomber, on ne saurait nier que ce miracle, comme on l'a appelé, eût été vain sans notre « rétablissement industriel ». La vaillance des troupes et toute l'habileté des plus grands capitaines eussent été stériles si les techniciens ne leur eussent fourni en abondance canons et munitions. Qu'on se représente un moment, pour fixer les idées, quelle eût été notre situation si nous n'avions pas pu soutenir la guerre des gaz, si nous n'avions pas su nous protéger contre ces horribles substances ni en fabriquer pour pouvoir, à notre tour, passer à l'offensive. La tactique de l'ennemi eût sans doute été fort simple : une fois en possession de stocks suffisants de produits nocifs pour vagues ou pour obus, probablement vers le milieu de l'année 1916, il eût attaqué simultanément sur un grand nombre de secteurs, et les hécatombes se fussent chiffrées par centaines de milliers de cadavres. La guerre eût pris fin, deux ans plus tôt, par l'assassinat des armées de l'Entente. On frémit, à cette pensée, pour notre France, pour la Civilisation, pour l'avenir de l'Humanité!

Comment, par quel miracle ce danger mortel a-t-il été conjuré? Comment les productions si considérables, nécessaires à notre salut, ont-elles pu être si rapidement organisées et devenir des réalités? Disons-le hautement, et perdons jusqu'au souvenir de notre vieille manie de nous dénigrer : c'est au génie et à la souplesse de la race, à ses inépuisables ressources intellectuelles, à ses facultés de décision et d'improvisation, dans tous les domaines de l'activité, que sont dus tant de brillants résultats. Qu'on donne aux Français une bonne politique, ou, plutôt, qu'on fasse, en France, moins de politique, et qu'on se préoccupe davantage de mettre en valeur les richesses naturelles et, par-dessus tout, le cerveau français, et ce pays ne sera pas seulement le premier par l'ardente générosité de son cœur et la fécondité de son esprit, il jouira aussi de la grande prospérité industrielle, agricole et commerciale, il connaîtra la puissance qui impose le respect.

Nous répondrons ici à une question qui souvent nous fut posée. De plus en plus nombreux, nous aimons à le répéter, sont ceux qui, après l'épreuve de la Guerre, voient dans la Science l'instrument nécessaire au relèvement économique du pays et au développement de son prestige. Beaucoup de ces bons esprits, sachant toute la part qui revient aux savants dans la victoire de nos armes, mais n'ayant pas perdu le souvenir de la croyance générale, avant la Guerre, en la supériorité de la science germanique, se demandent avec une fière curiosité comment il a pu se faire que la science française, et spécialement la Chimie française, réputée pourtant inférieure à la Chimie allemande, ait pu ainsi tenir en échec et, finalement, dominer sa puissante rivale. La réponse est toute simple :

Les savants français, et, en particulier, les chimistes, eurent à leur disposition, pour coopérer à la victoire, des moyens de travail, tant en personnel qu'en matériel, qu'aucun d'eux ne connut jamais, même de très loin, avant la Guerre; et nous nous empressons d'ajouter, pour compléter notre pensée, que ces ressources, d'ailleurs largement renforcées pendant la Guerre, les savants allemands, sans parler de leur grande supériorité numérique, les possédaient déjà pour la poursuite de leurs travaux en temps de paix. Voilà ce qu'il faut savoir, et ce qu'il faut dire et redire. Alors que la Science était bien loin d'occuper, en France, la place qui aurait dû lui être assurée par l'importance de ses applications, en Allemagne, au contraire, elle était l'objet de tous les encouragements et de toute la sollicitude des pouvoirs publics et des classes dirigeantes. Il ne fallut rien de moins que la menace d'un immense péril national pour que le pays, se tournant tout à coup vers ses savants, leur demandât de parer en toute urgence aux conséquences d'une incurie séculaire.

Il est incontestable que de tels succès, remportés dans de telles conditions, nous donnent, comme tant d'autres preuves, le sentiment de notre force. Mais qui pourrait nier la gravité du péril qu'a couru la Nation ? Qui oserait soutenir qu'il ne serait pas souverainement imprudent de risquer encore semblable aventure ? Qui voudrait jouer à nouveau l'existence de la France ? Prévoir les éventualités et se tenir prêt à y faire face, telle est la sagesse, tel est le devoir envers la Patrie. Un glorieux soldat, le colonel Fabry, faisait applaudir naguère, à la tribune du Parlement, cette boutade restée fameuse, que je reproduirai ici bien loin de toute pensée d'amour-propre professionnel : « De bons laboratoires valent des divisions, de grands chimistes valent de grands généraux. » Formule lapidaire qui traduit avec un relief saisissant toute l'importance des armements et exprime avec éloquence la nécessité d'une collaboration étroite et continue des maîtres de la Science avec les Chefs de l'Armée pour les besoins de la Défense Nationale.

Si la Science, dans les convulsions titanesques qui viennent de bouleverser l'Univers, a joué un rôle primordial, et si trop souvent, hélas! elle a été condamnée à des besognes infernales de barbarie et de cruauté, que de bienfaits ne voit-on pas en perspective si l'on envisage ses applications aux œuvres humanitaires de la Paix. Déjà les découvertes de la Physique, de la Chimie, de la Biologie, n'ont-elles pas, en moins d'un siècle, transformé, par d'incessants progrès, l'Industrie, l'Agriculture, le Commerce, l'Hygiène, la Médecine? Et l'asservissement des forces naturelles ne procure-t-il pas à l'homme actuel un bien-être qui fut absolument inconnu des contemporains mêmes de Napoléon?

Les cent années qui viennent de s'écouler ont vu des miracles sans nombre. Quel admirable sujet de méditation pour le philosophe qui arrête un instant sa pensée sur les merveilles réalisées! Quel sentiment d'orgueil l'anime quand il mesure l'étendue de ce qu'il sait et de ce qu'il peut[1]!

La Nature matérielle et les forces qui la gouvernent n'ont plus de secrets qui ne lui soient accessibles. Son intelligence a pour domaine l'Univers, dans le temps comme dans l'espace.

---

1. Voir *Un demi-siècle de merveilles*. (Discours et Conférences sur la Science et ses applications, chez Gauthier-Villars, 1927.)

Il assiste aux premiers âges de la Terre. Il connaît l'état civil des Alpes, des Pyrénées et de leurs rivales. Sous ses yeux défilent les innombrables générations de plantes, d'animaux et d'hommes qui se sont succédé sur la planète.

Il voit naître et évoluer les mondes, depuis la nébuleuse confuse jusqu'à l'étoile brillante. Il assigne à chaque astre sa position, la trajectoire suivant laquelle il est tenu de se mouvoir, et l'éclipse qu'il subira à la seconde précise dès longtemps prophétisée. Il pèse le soleil et, en disséquant sa lumière, il peut dire quelles substances le composent. Il sait aussi de quoi sont formées les millions d'étoiles qui peuplent les cieux, celles mêmes dont les rayons, en dépit de leur inimaginable vitesse, cheminent durant des siècles à travers l'infini avant d'atteindre son observatoire.

Il joue avec les forces naturelles, et il transforme à son gré, en l'une quelconque d'entre elles, chaleur, électricité, lumière, magnétisme, force mécanique.

Il dompte la foudre et désarme le ciel.

Il convertit la force des torrents en flots d'énergie, qui portent au loin, dans les contrées les plus désolées, la richesse et la vie.

Voyageant, à sa volonté, dans les airs, dans l'épaisseur comme à la surface des terres, dans les profondeurs comme à la surface des océans, il est le maître de l'espace. Par la vitesse, il s'affranchit de la distance et du temps lui-même.

Sa pensée, le son de sa voix, et jusqu'aux traits de

son visage, courent le long d'un fil léger, ou volent à travers l'espace, avec la rapidité de l'éclair, jusqu'au bout du monde.

Les rayons du soleil sont ses instruments dociles de dessin, d'impression, de gravure, de peinture.

Il enregistre le mouvement et la parole, et à son gré les reproduit identiques.

Telles barrières opaques prennent, à sa volonté, la transparence du cristal.

Il fond et vaporise le granit; il liquéfie et solidifie l'air.

Il pèse et compte, un à un, les myriades d'atomes qui forment la goutte d'eau et le grain de sel. Il divise l'atome lui-même, condamné à démentir son étymologie et à renier son nom, en une poussière de sous-atomes.

Il convertit les uns dans les autres les composés de la Chimie. Il imite la Nature et souvent la surpasse : il fabrique une gamme d'odeurs et de couleurs plus riche et plus variée. Il crée de la matière explosive, et, en dé-chaînant la force qui s'y accumule, il coupe les isthmes, perce les monts et lance à des distances fabuleuses les plus lourds projectiles.

Il décuple la fertilité du sol.

Le sous-sol livre à sa main indiscrète tous ses multi-ples trésors.

Il lit, dans l'organisme animal, le rôle du sang qui circule, du cœur qui bat, du poumon qui respire, du cerveau qui commande, du nerf qui porte l'ordre, du muscle qui obéit, de l'estomac qui digère, du chyle qui rajeunit le sang épuisé.

Il tue la douleur. Il donne un calme sommeil au malheureux dont on fouille les chairs.

Il tient en échec les grandes épidémies, auxquelles il oppose d'infranchissables barrières, il permet au scalpel toutes les audaces, et la mort recule.

Son esprit embrasse, dans une vue d'ensemble, les phénomènes du monde animé, depuis les premières palpitations de la vie jusqu'à ses manifestations les plus hautes. Il voit, dans un cycle en perpétuelle activité, la terre, et grâce aux rayons du soleil, l'air, nourrir les plantes, les plantes les animaux, et la dépouille des animaux, devenue la proie des infiniment petits, restituer au règne minéral ce qu'il avait perdu.

Tel est, dans son essence, le savoir de l'homme, tel est son pouvoir. Quel plus merveilleux roman eût jamais pu concevoir l'imagination ! Il n'est pas sans intérêt, à ce propos, de remarquer, avec Sir J.-J. Thomson, que « les rôles joués, dans la découverte scientifique, par l'esprit et la matière réagissant l'un sur l'autre, sont fort différents de ceux qu'a l'habitude de leur assigner le jugement populaire. C'est une opinion largement répandue que l'esprit est par lui-même spéculatif au delà de toute limite, et qu'il n'est préservé des conceptions extravagantes que par le contrôle de son stupide et prosaïque partenaire : le fait matériel. La vérité est plutôt que l'esprit, dans cette association, agit comme un frein, que le partenaire impulsif est le fait physique, et que celui-ci excite l'esprit à faire des bonds dont il frémirait s'il n'était éperonné par un tel aiguillon. La Nature est beaucoup plus merveilleuse et étrange que tout ce que nous pouvons tirer du plus profond de notre connaissance ».

D'un autre point de vue, il est curieux d'observer que le spectacle de tant de prodigieuses choses nous soit à ce point familier qu'elles apparaissent généralement comme toutes naturelles, et qu'il faille véritablement faire effort pour en arriver à concevoir que naguère elles étaient inconnues, voire même reléguées dans le domaine de la pure fantaisie. Sous ce rapport, l'inconscience de la multitude, sa méconnaissance des mérites des inventeurs, sont incommensurables. Le chemin de fer, la bicyclette, l'automobile, l'aviation, la photographie, la lumière électrique, le téléphone, les opérations chirurgicales sans douleur, la guérison de la rage et de la diphtérie, ne causent à la plupart aucun étonnement. Pour eux, les choses sont ainsi en ce bas-monde, sans plus, comme si tout avait de tout temps existé. Si, brusquement, ils se trouvaient en proie à la maladie et à la souffrance dans quelque coin perdu de la planète, sans ressources locales et sans les actuels moyens de communication, alors ils connaîtraient toute la valeur de la Science, source de bien-être et de santé pour tous les hommes.

Notre Philosophe, par contre, rapprochant le passé du présent, mesurera l'immensité du progrès accompli; et, s'il est, par surcroît, doublé d'un octogénaire, il se

rappellera l'époque de la diligence, de la hideuse variole
et du choléra. Il se dira qu'il a, en fait, connu deux
existences terrestres distinctes : celle de nos jours et
celle de son enfance, beaucoup plus dissemblables, à
mille points de vue, que si, en d'autres temps, elles eussent été distantes de centaines et de milliers d'années ;
et il aura l'impression d'avoir vécu comme s'il était réellement né deux fois à de longs siècles d'intervalle.

Mais de même que l'horizon s'élargit à mesure que
l'on gravit les sommets, de même la Science, dans
son ascension continue, nous ouvre des perspectives
toujours plus vastes. Et l'imagination prend son vol !
Quelles grandes conquêtes nos fils réaliseront-ils ?
Quelles nouvelles surprises les attendent ? Que leur don-
nera la Radio-activité ? Parviendront-ils à libérer et à
capter les réserves d'énergie emprisonnées dans l'atome ?
D'après les théories actuelles, ces réserves sont for-
midables, et, auprès de l'énergie intra-atomique, celle
qui entre en jeu dans nos opérations chimiques ordinaires apparaît comme absolument négligeable. Les ressources en énergie dont nous sommes maîtres et que
nous utilisons présentement ne sont donc que des miettes
arrachées aux abondantes provisions incluses dans la
matière. Certes « les frontières de l'atome sont sévèrement gardées », mais la forteresse n'est pas imprenable,
et l'on ne saurait douter, quand on jette un regard vers
les merveilles déjà accomplies par la Science, qu'un
jour ne vienne où nous réussirons à disloquer, et aussi

à construire, au laboratoire, les corps simples, comme nous savons aujourd'hui dissocier et reconstituer les corps composés. Et la conquête aura une valeur infinie.

Il est toujours présomptueux de prophétiser; et, cependant, comment résister à l'attrait du rêve qui s'empare de l'esprit quand on cherche à prévoir les conséquences d'une telle victoire? Les pulsations du monde puiseront alors leur force à une source nouvelle d'énergie, et celle-ci dépassera toutes celles que nous connaissons aujourd'hui de l'énorme distance qui les sépare elles-mêmes des ressources naturelles de l'homme sauvage. On ne doit pas tenir pour absurde de supposer que l'homme soulèvera alors les montagnes, subjuguera les mers, asservira les forces atmosphériques. On peut prévoir que tels éléments aujourd'hui rares deviendront d'un usage courant : l'or sera probablement quelque jour un métal aussi vulgaire que le fer. D'étranges surprises nous attendent sans doute, plus étonnantes encore que celles attribuées aux « pierres philosophales » et aux « élixirs de vie » des alchimistes de tous les temps. Notre actuelle photographie deviendra peut-être un art suranné. Et qui peut prévoir les développements et les transformations de la Biologie, de la Médecine, de l'Hygiène, de l'Agriculture, de l'Industrie, du Commerce, qui seront la conséquence de cette renaissance de la Science? N'en résultera-t-il pas une existence encore plus dissemblable de la nôtre que la nôtre ne l'est de celle de l'homme primitif? Encore une fois la face du monde aura été rénovée. Plus profonde sera la révolution scientifique, plus complète sera la révolution économique et sociale, plus nécessaire aussi le règne de la moralité, et plus grande enfin la somme de bonheur dont jouira l'homme, devenu par son intelligence un roi de. la Nature tout-puissant.

Telles sont les perspectives qu'offre la Science aux efforts des chercheurs. A quand la réalisation d'un tel rêve? Faudra-t-il cinquante ans? cent ans? des siècles? Question à laquelle nul aujourd'hui ne saurait répondre. Mais la révolution paraît fatale, et l'on peut affirmer qu'elle se produira d'autant plus vite qu'il y aura dans le monde plus d'esprits supérieurs adonnés aux recherches scientifiques.

Une chose, au surplus, est certaine : c'est que le champ de l'inconnu est sans bornes, en surface comme en profondeur, et que le savoir du savant n'égalera jamais sa curiosité et sa soif de découvertes.

Mais revenons à la réalité. Pour merveilleux que soit l'aspect sous lequel les prédictions scientifiques envisagent l'avenir, il ne saurait nous détourner des problèmes actuels, à la vérité plus modestes, du point de vue de l'histoire générale du progrès, mais d'une importance capitale pour le temps présent. Des réalisations immédiates et de la plus haute utilité sont partout possibles. Dans tous les domaines de l'activité économique, dans l'exploitation du sol et du sous-sol, dans la production industrielle, la Science doit apporter l'élément décisif de la fécondité et de la prospérité, comme elle doit être un facteur essentiel de succès dans la lutte contre la maladie, la souffrance et la mort. Qu'une telle vérité apparaisse avec la force de l'évidence, c'est ce que pourra reconnaître quiconque sait « que la production des champs, dans toute l'étendue du problème, n'est désormais qu'une application continuelle des lois et découvertes de la Chimie; que tous les problèmes concernant l'hygiène publique ont désormais un auxiliaire constant dans la Chimie; que, pour être sûre et rationnelle, l'alimentation a besoin, à chaque pas, de la Chimie; que la Thérapeutique et la Clinique sont redevables de leur développement actuel aux découvertes et aux méthodes chimiques »; que l'étude chimique des ciments et des matériaux de construction, avec la découverte des explosifs, a rendu possibles des travaux qui n'eussent pu être tentés autrefois; que les découvertes de la Chimie profitent de mille manières aux arts ornementaux et que la mode elle-même, si capricieuse en ses manifestations, a trouvé dans la Chimie d'inépuisables ressources pour la nouveauté des tissus, ainsi que pour la variété et la splendeur des couleurs.

La Société civile est aujourd'hui constituée de telle sorte que notre alimentation quotidienne, notre logement, l'éclairage, le chauffage, nos vêtements, les précautions contre les maladies et leur traitement, tout, en dernière analyse, se présente comme étant largement tributaire de la Chimie. La vie des individus et des collectivités est tout entière imprégnée de ses universelles applications. Cette profonde infiltration de la Chimie dans toutes les parties de l'organisme si vaste et si compliqué de la société moderne, en favorisant les progrès des industries chimiques et, par contre-coup, ceux des autres industries, doit en faire « le facteur principal de l'économie des Etats » et une source abondante de prospérité; et l'on peut affirmer que, partout où les industries chimiques seront le plus florissantes, on rencontrera non seulement la plus grande somme de bien-être, mais aussi le plus de richesse et le plus de puissance.

Les plus sceptiques ne peuvent le contester : La Science, c'est la puissance, et cette puissance s'accroîtra indéfiniment. Double vérité aussi certaine que la lumière du jour, dont il importe de se pénétrer intimemement et profondément.

Si l'homme est encore enchaîné à la matière par une infinité de servitudes, c'est le propre de la Science de l'en affranchir peu à peu. Les conquêtes de la Science doivent donc être un facteur primordial de transformations sociales. De plus en plus la tâche des hommes politiques et des diplomates — et éventuellement, hélas! celle des armées — consistera à harmoniser l'existence des nations avec les conséquences économiques des découvertes de la Science. Les sous-marins et les avions tiendront toujours une grande place dans les tractactions internationales. Si quelque nouvel engrais venait à multiplier encore le rendement de la culture du blé, le marché actuel en serait totalement bouleversé. Il est donc évident que, dans l'évaluation de la puissance d'une nation, les diplomates doivent considérer ses organes scientifiques et la valeur de ses hommes de science comme étant d'une importance fondamentale, du même ordre que les mouvements de la population, les richesses naturelles ou les forces militaires. Au fond de la vie moderne, de toutes ses manifestations, on retrouve la Science. En dehors des causes d'ordre moral (idéal sociologique, affinités ethniques, etc.), on peut dire que c'est la Science qui mène aujourd'hui le Monde. Dans une mesure toujours plus large, c'est elle qui oriente les destinées des individus et des Etats, lesquels, plus ou moins consciemment, mais fatalement, règlent leur existence sur les changements perpétuels issus des nouvelles acquisitions de la Science.

Ces réflexions, au lendemain de la formidable tourmente, s'imposent plus que jamais à tout esprit prévoyant. Il s'agit de rebâtir notre pays et d'en faire une nation forte et riche : voir grand et voir loin, afin d'asseoir l'édifice sur des bases inébranlables, nous paraît être la condition primordiale d'un avenir conforme à la mission historique de la France.

Il est de toute urgence d'organiser et d'outiller la Science pour la bataille scientifique et industrielle qui va se livrer. Faut-il ajouter que, dans tous les pays, les mêmes préoccupations se sont fait jour ? En Angleterre, aux États-Unis, en Italie, au Japon, partout on s'efforce de protéger et d'encourager les Sciences ; partout on fonde des Ecoles et des Instituts techniques, des laboratoires de recherches agricoles et industrielles. La poussée scientifiqne est universelle. Le grand mouvement des Sciences emportera désormais le Monde.

Toute une croisade est à entreprendre. Il importe — Monsieur le Ministre, je sais, pour avoir eu l'honneur de collaborer avec vous et sous votre présidence à la commission de l'Enseignement, que vos idées sont aussi les nôtres sur cette question capitale, et nous nous en félicitons hautement — il importe que notre Enseignement public, réformé et rajeuni, suscite l'éclosion et favorise l'épanouissement des fortes vocations. Il faut assurer l'existence (une existence décente) et encourager les efforts de ceux qui dans l'ombre et le silence travaillent à la prospérité et à la gloire du pays. Il ne faut plus que le savant soit cet homme à l'aspect minable, dont les découvertes, souvent accomplies dans un réduit obscur, aussi indigent que sa propre demeure, transforment pourtant le monde, sauvent pourtant la vie humaine, et ainsi édifient la fortune de ce puissant « businessman » qui passe dédaigneux près de lui dans sa luxueuse automobile. « Il faut affranchir les sciences expérimentales des misères qui les entravent. » Il faut doter largement, en personnel et en matériel, ces « temples de l'avenir » que sont les laboratoires de recherches. Il faut, en un mot, organiser méthodiquement la recherche scientifique, mère de tout progrès dans l'ordre matériel. Et nous tenons pour indispensable, si l'on veut aboutir, d'agir sur l'opinion par la plus active propagande. Déjà de grands écrivains : après Maurice Barrès les Anatole France, les Henri Bordeaux, les Alfred Capus, ont résolument pris en main la cause des Sciences. Si quelques grands quotidiens se décidaient à insérer plus fréquemment de bons articles de vulgarisation scientifique, quitte à sacrifier une partie de la chronique mondaine ou théâtrale, il est hors de doute qu'ils rendraient à notre pays les plus éminents services.

Inspirons-nous de la campagne qui a été poursuivie depuis cinquante ans, non seulement en Allemagne, mais aussi aux État-Unis, et qui a porté de si beaux fruits. De grands financiers américains, — le geste récent et magnifique de mon éminent confrère de l'Institut le baron Edmond de Rothschild, au patriotisme si clairvoyant, est la preuve que les mêmes idées généreuses sont susceptibles de fleurir aussi dans nos milieux intellectuels et fortunés — de grands financiers américains, disons-nous, ont fait aux Établissements de recherches des donations somptueuses, et, fait plus symptomatique, de grandes corporations ont créé des laboratoires. Des associations pour la charité ont fait une place dans leurs préoccupations aux institutions de recherches : c'est ainsi que la « League for relief of Belgium », après avoir pendant la guerre secouru nos alliés, ayant, à l'armistice, un reliquat de plus de cent millions, vient de le consacrer à la création d'un fonds de subventions aux recherches et aux laboratoires. Mais il y a mieux encore. Rien de plus curieux et suggestif que la délibération prise il y a deux ans par la Fédération américaine du Travail, la plus puissante des organisations ouvrières du Monde; en voici le texte :

« A son dernier Congrès, tenu à Atlantic City, en juin 1919, la Fédération américaine du Travail a adopté la résolution suivante :

« Considérant que la Recherche Scientifique et ses
« applications techniques constituent une des bases
« essentielles du développement des industries manu-
« facturières, agricoles, minières et autres ;

« Considérant que le rendement industriel est con-
« sidérablement accru par l'utilisation technique des ré-
« sultats des recherches scientifiques relatives à la
« Physique, à la Chimie, à la Biologie, à la Géologie,
« à l'Art de l'Ingénieur, à l'Agriculture et aux Sciences
« connexes; que d'ailleurs le développement général du
« bien-être résultant des progrès scientifiques donne des
« avantages dépassant bien des fois les dépenses occa-
« sionnées par les recherches correspondantes;

« Considérant que l'augmentation de la production
« industrielle résultant de la Recherche Scientifique est
« un puissant facteur dans la lutte tous les jours plus
« vive menée par les travailleurs pour améliorer leurs
« conditions d'existence; que l'importance de ce facteur
« ira constamment en croissant, parce qu'il existe une
« limite supérieure des conditions moyennes de la vie
« de l'ensemble de la population impossible à dépasser
« tant qu'on se contente d'agir, comme on le fait au-
« jourd'hui, sur les seuls modes de répartition de la

« richesse; que la Recherche Scientifique peut, au con-
« traire, élever cette limite en intensifiant la production
« industrielle par la mise en œuvre des résultats de la
« Science;

« Considérant que le Gouvernement Fédéral, les
« Gouvernements d'États et les Gouvernements locaux
« ont à résoudre nombre de problèmes importants et
« urgents d'Administration et de Législation, dont la
« solution dépend d'études scientifiques et techniques;

« Considérant que la Guerre a fait comprendre aux
« nations belligérantes l'influence prépondérante de la
« Science et de la Technique sur le bien-être et la
« puissance de chaque pays, aussi bien en temps de
« guerre qu'en temps de paix; que non seulement
« l'initiative privée essaie d'organiser des recherches
« de grande envergure, intéressant le pays tout en-
« tier, mais qu'en outre plusieurs Gouvernements par-
« ticipent activement et viennent en aide à de telles
« entreprises;

« En conséquence, la Fédération du travail, réunie en
« Congrès, déclare qu'il est d'un intérêt majeur, pour le
« bien-être de la Nation, d'aborder un large programme
« de recherches scientifiques; que le Gouvernement
« Fédéral doit employer tous les moyens en son pouvoir
« pour assurer la réalisation de ce programme; que
« l'intervention directe du Gouvernement dans l'accom-
« plissement de ces recherches doit tendre à en accroître
« l'étendue et l'importance au moyen de subventions
« générales;

« La Fédération charge son secrétaire de transmettre
« cette résolution au Président des États-Unis, au
« Président *pro tempore* du Sénat et au Président de
« la Chambre des Représentants. »

Je n'ai pas cru devoir vous épargner cette longue
citation, dont le très haut intérêt ne saurait vous
échapper. Il est remarquable que les ouvriers américains
aient si clairement aperçu le nœud de la question.
Depuis plus de cinquante ans « travailleurs et em-
ployeurs » sont engagés dans un grave conflit, dont on
n'aperçoit pas la solution si l'on persiste à s'en tenir
aux doctrines de l'Economie Politique et du Socialisme.
On admet, de part et d'autre, que la quantité de richesses possible est limitée, d'où « l'âpre lutte des classes »
autour d'elles pour une répartition que chacun veut à
son avantage. Or, rien ne paraît plus erroné qu'une
semblable conception. Il n'y a pratiquement aucune
limite à la somme de richesses susceptibles d'être produites si l'on se décide résolument à mettre en œuvre
des méthodes de production scientifiques. Dès lors, se
battre autour des richesses acquises revient à une
stérile dépense d'efforts. Ce qui importe essentiellement,
c'est la mise au jour de richesses nouvelles, qui apportera la paix sociale, en donnant à chacun la part de
bien-être à laquelle il a droit. Quand on l'aura partout
compris, on aura assuré, avec le bonheur général de
l'individu, l'équilibre et l'harmonie générale des collectivités. Et ainsi sera pleinement confirmée, dans toute
sa vérité, cette parole célèbre de Pasteur, toujours

tourmenté par la fièvre généreuse que donne le souci de soulager les malheurs des autres : « Elle serait bien belle et bien utile à faire, la part du cœur, dans le progrès des Sciences. »

Mesdames et Messieurs,

J'arrive à la fin de cette trop longue causerie. Je me résume et je conclus. Il est temps, pour tout le monde, de comprendre que nous sommes à un âge nouveau : l'âge scientifique et industriel. Il s'agit d'évoluer; évoluons délibérément. Assurément, des découvertes, la France en a fait, et plus que toute autre nation; mais trop souvent elle a semé sans le souci de récolter, abandonnant à d'autres les profits matériels, à la manière des grands seigneurs. Elle a trop vécu en dilettante. Elle s'est trop absorbée dans le passé, s'imprégnant surtout d'une culture littéraire et artistique. Il est, certes, loin de ma pensée de souhaiter que l'on délaisse les Lettres et les Arts, qui font tant aimer et admirer notre pays, et je suis de ceux qui professent que la culture classique doit être alliée aux études scientifiques dans toute la mesure possible. Mais il y a chez nous assez de souplesse d'intelligence et assez de variété dans les aptitudes pour que l'élite — car c'est avant tout le concours de l'élite qui importe — fasse une plus large place aux Sciences et à la Technique dans le choix des carrières. Au surplus, les humanités elles-mêmes ne peuvent que se fortifier au contact des réalités vivantes. Sciences et

Lettres doivent vivre côte à côte, pour se compléter mutuellement. « Les Sciences — comme l'a si justement dit Anatole France — demeurent machinales et brutes quand elles sont séparées des Lettres, et les Lettres, privées des Sciences, sont creuses, car la Science est la substance des Lettres. » Nous devons donc favoriser l'étude des Sciences. Nous devons produire des producteurs. Pour cela, transformons notre système éducatif, inspirons-nous un peu moins de l'idéal ancien, et regardons plus sérieusement vers l'avenir. Qu'on le veuille ou non, les conditions économiques exercent désormais la plus large influence sur l'évolution politique et sociale, et elles sont elles-mêmes en transformation continue sous l'action des moyens de production sans cesse renouvelés par les découvertes scientifiques. Science est puissance et sera de plus en plus puissance, tel est le grand axiome nouveau qu'il faut universellement proclamer. Nous affirmons que le rôle qui est dévolu à la Science intéresse notre avenir à l'égal du problème vital de la population. Et c'est aussi notre opinion la plus ferme que, sous peine de disparaître du rang des grandes nations, la France doit faire à la culture et à la production scientifiques, dans le développement de l'activité nationale, toute la part compatible avec le génie de la race. Solidement appuyé sur la Science, le rayonnement de la pensée française, si nécessaire à la santé morale de l'Humanité, deviendra alors plus puissant qu'il ne le fut jamais.

Concluons qu'en dehors d'une forte organisation scientifique il n'y a pour notre pays, dans les conditions de l'ère nouvelle, ni sécurité ni prospérité possibles. La France sera une nation à structure scientifique, ou elle ne sera plus la France.

Mesdames et Messieurs,

La question que j'ai eu l'insigne honneur de traiter devant vous est une des plus graves de l'heure présente, et elle contraste singulièrement, par son caractère, avec la quiétude joyeuse des villégiatures. Je me garderai cependant de m'en excuser, parce que j'espère avoir convaincu tous les membres de cette brillante assemblée qu'aucun autre sujet ne nous eût permis de commémorer plus dignement le sacrifice de nos innombrables héros, morts pour que la Patrie vive et prospère dans le Droit et la Liberté, morts pour que nos enfants, et c'est là notre souhait le plus cher, ne connaissent jamais les horreurs d'une nouvelle invasion. Parmi tant de héros, je vois, à cette minute, les cinq cent soixante-trois fils de notre beau ciel de Biarritz qui tombèrent aux champs d'honneur de Charleroi, de la Marne, de l'Yser, de Verdun, de Craonne, de Montdidier, et autres théâtres de combats célèbres. Ils défilent devant nous dans une parade suprême, en tenue de bataille, superbes, auréolés d'une gloire immortelle. Un même cri jaillit de toutes leurs poitrines : Vive la France! Qu'ils sont beaux! Aucune parole, aucune langue, ne pourrait rendre la grandeur de la scène. Je voudrais leur parler, leur dire notre infinie gratitude. Mais le cœur, gonflé d'émotion, n'a que le pouvoir de répéter le cri sublime, dont les échos emplissent d'allégresse le regard de ces braves enfants : vive la France!

LES PRESSES UNIVERSITAIRES DE FRANCE[1]

J'ai la grande joie de vous souhaiter la bienvenue dans cette maison, qui est la vôtre, et où nous sommes appelés à travailler ensemble pour une grande cause : développer la production de la pensée scientifique française et assurer sa diffusion dans le monde.

Vous savez dans quelles circonstances sont nées les *Presses Universitaires de France*. Dans la réorganisation du travail scientifique, qui nous a semblé indispensable après la Guerre, le problème de l'édition de nos travaux est apparu comme un des plus angoissants, par suite de la hausse du prix du papier et du coût de l'impression, qui ont monté dans des proportions telles que la publication de la plupart des thèses et des revues scientifiques, notamment, est devenue fort difficile.

Dès la constitution de la Confédération des Sociétés scientifiques françaises, la question de la publication des travaux scientifiques s'est imposée à ses dirigeants comme une des plus urgentes. Faut-il rappeler que, dès

---

1. Discours inaugural du Président de la Confédération des Sociétés scientifiques françaises, prononcé en présence de nombreuses et éminentes personnalités du monde scientifique et littéraire (27 mai 1922).

le 3 juillet 1919, la Fédération des Sciences naturelles prenait, à cet effet, l'initiative d'une réunion des directeurs et des secrétaires des bulletins et périodiques scientifiques? C'est à cette réunion que furent présentés les rapports de nos collègues Caullery et Marie, qui esquissaient, déjà à cette époque, un projet de Société Universitaire d'édition et d'impression. Nous devons une grande reconnaissance à MM. Caullery et Marie pour leur clairvoyance, puisque c'est leur projet qui vient d'être réalisé par nos Presses Universitaires.

Ce projet fut immédiatement adopté par la Confédération des Sociétés scientifiques, sur la proposition de M. Xavier Léon, président de la commission nommée pour l'étudier et lui donner les suites qu'il comportait. Dès lors, les noms de MM. Caullery, Marie, Léon, auxquels doivent être ajoutés ceux de MM. Schneider et Marcel Xavier, sont étroitement unis dans la réalisation d'une œuvre dont le principe avait été adopté par notre Confédération, et qu'elle avait patronné dans un manifeste approuvé et signé par tous les hommes qui comptent dans la pensée française.

Avant la Guerre, nous vivions volontiers dans notre tour d'ivoire. Nous nous serions sans doute contentés de témoigner notre sympathie pour une initiative aussi hardie, et il est peu probable que nous en eussions poursuivi nous-mêmes l'exécution. Mais les temps sont changés. Nous avons compris que, dans les circonstances actuelles, nous étions seuls en mesure de venir au secours de la pensée française menacée.

La commission nommée par la Confédération s'est transformée en une société d'études, composée d'universitaires et de techniciens, qui a pris à tâche de rechercher les moyens pratiques de réaliser le projet d'imprimerie universitaire qui avait été conçu.

Je ne vous rappellerai pas en détail les travaux de cette société d'études. Ils ont été méthodiques et minutieux. Ils ont abouti, enfin, grâce à la précieuse collaboration de M. Ferdinand Gros, industriel à la fois cultivé et audacieux, qui vit dans notre projet des *Presses Universitaires de France* la première réalisation d'une idée Saint-Simonienne qui lui était particulièrement chère : le crédit intellectuel. Non seulement M. Gros apporta à la *Société d'études des Presses Universitaires* sa formule définitive, mais il lui fournit aussi les premières ressources nécessaires en lui donnant l'appui de son organisation bancaire. Je tiens à le remercier ici publiquement de son concours décisif. Mais sa collaboration seule n'eût pas été suffisante pour une tâche aussi vaste que celle que se proposaient les *Presses Universitaires* : il fallait des capitaux importants. A qui nous adresser d'abord pour les obtenir, sinon à ces bienfaiteurs de la pensée française, et, en particulier, de l'Université, toujours prêts à encourager les initiatives généreuses et à leur apporter à la fois l'appui de leur expérience et de leur fortune : MM. David Weill et Emile Deutsch de la Meurthe? Ce n'est pas en vain que nous avons eu recours à eux, et, dût leur modestie en souffrir, je tiens à proclamer ici la profonde reconnaissance que nous leur devons et que nous leur gardons.

Pour se procurer le complément de capitaux qui leur est indispensable, les *Presses Universitaires* ont demandé leur collaboration à tous ceux qui croient que l'avenir économique de la France est lié à son avenir intellectuel, à tous ceux qui croient que la pensée et la science françaises constituent le plus beau patrimoine de notre pays, aux universitaires, enfin, qui voient de plus près que quiconque la gravité du péril.

De toutes parts on a répondu à notre appel, et d'une façon tellement encourageante que nous ne pouvons plus douter du succès de notre entreprise : les grands Établissements de crédit, la Banque de France en tête, ont souscrit aux *Presses Universitaires de France*. Des trois ordres d'Enseignement nous parviennent chaque jour des adhésions nouvelles, et j'ai l'agréable devoir de noter la foi enthousiaste avec laquelle nos collègues les plus modestes, les instituteurs, viennent à nous.

Il est nécessaire que ce mouvement se continue, car vous voyez que la tâche est immense. Il ne s'agit pas seulement de publier les travaux qui, sans nous, ne verraient jamais le jour, de maintenir des revues qui, sans nous, disparaîtraient fatalement; il faut aussi organiser à l'Étranger la diffusion de la pensée française, répandre, en particulier dans l'Europe centrale et orientale, nos publications de haute culture que menace si gravement la situation des changes.

L'effort de chacun peut être proportionné à ses

moyens, puisqu'il suffit, pour adhérer à notre Société coopérative, de souscrire une part de cent francs et d'en verser le quart, soit vingt-cinq francs.

La Confédération des Sociétés scientifiques françaises est justement fière d'avoir patronné dès le début et d'avoir toujours ardemment soutenu l'organisation que nous inaugurons aujourd'hui. L'imprimerie, la maison d'édition, la librairie sont en plein fonctionnement, et les publications scientifiques ne tarderont pas à profiter des heureux résultats de notre effort.

La forme coopérative qui est adoptée nous assure que toutes les ressources seront intégralement employées aux bénéfices des savants et de leurs œuvres : il ne nous serait pas possible, sans manquer à notre programme, d'en choisir une autre. Elle nous a valu pourtant quelques hostilités déjà : les éditeurs et les libraires, en particulier, s'en sont émus. Qu'ils se rassurent ! Nous n'avons jamais pensé que les éditeurs et les libraires puissent être séparés des auteurs quand il s'agit de la pensée française. Nous savons qu'ils ont, eux aussi, la préoccupation des intérêts du pays. Nous ne comprendrions donc pas que nous fussions regardés par eux comme des ennemis, alors que nous sommes des collaborateurs. Je suis convaincu que le malentendu qui s'est élevé ne peut être que passager, et que de franches et loyales explications auront tôt fait de le dissiper.

Soutenues par la Confédération des Sociétés scientifiques françaises, qui groupe trente mille travailleurs intellectuels, les *Presses Universitaires de France* débutent sous les plus favorables auspices. Avec vous, je leur souhaite une carrière longue et prospère, indispensable au succès et à l'épanouissoment d'une œuvre née, dans l'esprit de leurs fondateurs, d'un idéal élevé entre tous : la grandeur de la Patrie.

LES PROGRÈS DE L'HYDROLOGIE

RADIOACTIVITÉ ET GAZ RARES[1]

MESDAMES,
MESSIEURS,

Un ami, bibliophile bien connu[2], m'a offert récemment ce petit livre, vieux de près d'un siècle, qui a pour titre « Voyage aux eaux des Pyrénées ». L'ouvrage est de Bertrand, professeur à l'Ecole secondaire de Médecine de Clermont-Ferrand, inspecteur-adjoint des eaux du Mont-Dore.

Je l'ai lu avec grand intérêt et profit. D'abord, il est fort bien écrit, bien mieux que la plupart des livres de sciences et même que beaucoup de livres de littérature. Puis on y trouve des descriptions magnifiques de nos sites pittoresques, de nos montagnes, de nos vallées, de nos côtes. Enfin, et surtout, on y trouve quantité de faits, de renseignements, d'observations, de réflexions, qui

---

1. Causerie faite aux Thermes Salins de Biarritz, le 28 août 1922, devant les Congressistes du 16e voyage d'études médicales, dirigé par le professeur Paul Carnot.
2. Louis Barthou, de l'Académie française.

montrent que Bertrand était non seulement un savant très averti et un habile médecin, mais aussi un vrai philosophe. Et l'on pourrait même dire, se plaçant à certains points de vue, qu'il fut, comme l'avait été dans le même domaine, au dix-huitième siècle, notre grand compatriote Bordeu, d'Izeste, un véritable prophète, car il a eu l'intuition que les eaux minérales renferment beaucoup plus de choses qu'on ne le supposait à son époque. Bertrand voyait bien que les matières dont on constatait l'existence dans l'eau minérale ne suffisaient pas à rendre compte de ses propriétés. On a effectivement reconnu, par la suite, la présence dans les eaux minérales de la plupart des éléments, et l'on peut penser que si l'on étudiait les eaux minérales d'une manière approfondie, en utilisant les procédés de la Science actuelle, on y trouverait un nombre d'éléments de plus en plus grand.

On est ainsi conduit à se demander s'il n'y aurait pas dans les eaux minérales au moins une trace de tous les éléments. Cette idée est peut-être un peu hardie, mais elle n'a rien d'absurde, et voici pourquoi : Vous savez que la matière est extraordinairement divisible; il y a dans un milligramme de sel marin quatorze milliards de milliards de particules parfaitement distinctes et libres, que l'on ne voit certes pas à l'œil nu ni même au microscope, mais que l'on sait dénombrer par des procédés indirects. On peut très bien concevoir, étant donnée cette extrême divisibilité de la matière, que si l'on dépose, à un moment donné, un peu d'une substance quelconque dans un endroit quelconque, la terre et l'air étant toujours en mouvement, soit par le travail de la nature, soit par le travail de l'homme, on peut concevoir qu'il y en aura un peu partout au bout d'un temps plus ou moins long. Et l'on est ainsi amené à supposer et à présumer qu'il y a dans toute l'écorce terrestre au moins une trace de chaque élément. Comme, d'autre part, les eaux souterraines attaquent et lessivent les matériaux qu'elles rencontrent, elles entraîneraient ainsi, en dissolution ou en suspension, au moins des traces de tous les éléments. En fait, en dehors des sels courants, on a trouvé dans les eaux des traces de germanium, d'antimoine, de gallium, de plomb, de bismuth, d'étain, d'argent, de cuivre, de zinc, de phosphates, de borates, de fluorures, etc.

Cette constation autorise à supposer, avec un haut degré de probabilité, et personnellement j'ose le soutenir, qu'il y a des traces de tout partout. Mais ceci est une vue philosophique, et des travaux ultérieurs seuls permettront de la vérifier.

J'appellerai maintenant votre attention sur un point particulier, qui a été acquis tout récemment, voici deux ans à peine. Il existe deux variétés de chlorure de sodium ; cela tient à ce qu'il y a deux chlores, avec, pour poids atomiques, 35 et 37. Leur mélange est tel dans la nature que le poids atomique moyen est 35,46. Ces deux chlores sont dits *isotopes*, parce qu'ils occupent la même place dans le tableau de la classification périodique des éléments. On les appelle chlore A et chlore B. De même qu'il y a deux chlores, il y a plusieurs magnésiums, plusieurs mercures, etc. Ainsi donc, voilà une notion nouvelle pour la Science. Bien rares seront sans doute ceux qui se douteront, en prenant leur bain salin, que la découverte des deux chlorures de sodium est une des plus belles qui, depuis de longues années, aient été faites dans la connaissance du monde matériel. Il est néanmoins peu probable que la notion d'isotopie révolutionne dans un prochain avenir — et encore, qui sait? — la thérapeutique balnéaire et thermale.

Mais parmi les travaux d'hydrologie effectués au cours du dernier quart de siècle, ceux qui ont le plus attiré l'attention, et à juste titre, ont trait à la Radioactivité. C'est il y a vingt-huit ans que Pierre Curie et Mme Curie découvrirent le radium. L'on crut alors que les grands principes de l'Energétique étaient sapés, sans en excepter le principe, bientôt centenaire, de Carnot, l'illustre ancêtre de votre éminent président. Mais la Science s'est ressaisie; l'Énergétique classique est toujours debout. Je vous rappellerai d'abord en quoi consistent essentiellement les phénomènes de radioactivité, en considérant un cas particulier, celui d'ailleurs que nous connaissons le mieux.

Le radium est un élément instable de la famille du calcium, dont les atomes se désagrègent, graduellement et spontanément, en donnant un gaz qui a reçu le nom d'*émanation* (*radon*, ou encore *niton*, parce qu'il luit dans l'obscurité). L'émanation du radium se désagrège à son tour en produisant successivement le radium A, le radium B, le radium C, le radium D, le radium E, le radium F (ou *polonium*), et, finalement, un dernier élément, qui n'est autre que le plomb vulgaire.

Au cours de ses désagrégations successives, le radium a perdu de son énergie sous forme de chaleur, de lumière, d'électricité, de rayons analogues aux rayons X, et en libérant un gaz particulier, l'hélium.

Voilà un type de désagrégation d'un corps radioactif. Dans les autres familles de radioéléments, celles du thorium et de l'actinium, les choses se passent de semblable façon.

Les radioéléments, comme les autres éléments, sont de même largement diffusés dans la nature, et l'on peut reconnaître des traces de radium, de thorium et d'actinium dans tous les terrains. Imaginez un cube de soixante mètres de côté, remplissez-le de terre : il renferme un gramme de radium, et point n'est besoin d'instruments extraordinaires pour le mettre en évidence. Il y a du radium dans toutes les eaux, parce que les eaux, dans leur parcours souterrain, le rencontrent et l'entraînent. L'eau de la ville de Cambridge est la première où on l'ait signalé. Il est certain qu'il y en a dans l'eau que l'on boit à Biarritz, comme on peut affirmer qu'il y en a dans celle de Pau et de Tarbes.

Pour pouvoir comparer les intensités radioactives des eaux, on a été obligé d'établir un étalon. Soit un peu de radium enfermé dans un vase clos. Il engendre constamment de l'émanation; celle-ci se détruit au fur et à mesure, la destruction étant de moitié en quatre jours; mais, comme le radium présent en fournit sans cesse, il arrive un moment, pratiquement au bout d'un mois, où il s'en fait autant qu'il s'en détruit : on est à l'équilibre. Avec un gramme de radium, on accumule ainsi un *curie* d'émanation; c'est notre étalon. Mais comme cette unité est très grande (je ne vise ici que la force qu'elle représente, car le volume, au contraire, extrêmement petit, est de l'ordre d'une tête d'épingle), on compte par millimicrocuries (milliardième de curie).

Il faut retenir ce fait que la radioactivité diminue de moitié en quatre jours. En vertu de cette loi, les eaux les plus radioactives, au bout de trois ou quatre semaines, ne le sont donc sensiblement plus.

On devrait trouver dans les eaux minérales non seulement l'émanation du radium, mais aussi l'émanation du thorium et celle de l'actinium, puisque ces éléments se rencontrent dans tous les terrains; j'espère néanmoins que nous y parviendrons. Il y a de grosses difficultés à vaincre, car, si l'émanation du radium se détruit de moitié en quatre jours, celle du thorium se détruit de moitié en cinquante-quatre secondes et celle de l'actinium de moitié en trois secondes, et, jusqu'à présent, on n'est pas parvenu à effectuer les mesures avec une rapidité suffisante. On était en bonne voie au moment de la Guerre; mais alors, naturellement, tout fut interrompu. On reprend très activement ces travaux à l'heure actuelle.

Que vous dirai-je maintenant, du point de vue de l'Hydrologie médicale, des émanations radioactives contenues dans les eaux minérales? Nous savons qu'elles rayonnent constamment de l'énergie. Les particules α qui s'en dégagent sont des atomes d'hélium chargés d'électricité positive, qu'anime une vitesse d'environ vingt mille kilomètres par seconde. Il est clair que de tels projectiles, si petits qu'ils soient, ne sauraient être sans effet sur l'organisme. En fait, l'expérience a établi que les émanations radioactives exercent une action puissante sur les êtres vivants. Et il est raisonnablement impossible de leur refuser une part dans l'action de l'eau minérale sur l'économie, surtout quand cette eau en est fortement chargée.

Voici, d'ailleurs, une constatation d'un haut intérêt : il est remarquable que nombre de sources très radioactives, justement célèbres pour leur efficacité, comme celles de Bagdastein (Tyrol) et de Plombières (Vosges), ont une salure pauvre et banale, qui ne saurait expliquer leurs effets thérapeutiques, depuis longtemps reconnus par les cliniciens, en dehors de toute considération ayant trait à la composition chimique. La radioactivité (émanations radioactives dissoutes dans l'eau minérale) serait donc, dans ces sources, un agent essentiel.

Une importante et saine remarque s'impose ici. Depuis la découverte du radium, ce mot magique fascine et hypnotise le public. Aussi toutes les stations veulent-elles, à tout prix, être radioactives, chacune, d'ailleurs, prétendant l'être plus que ses concurrentes. C'est comme une fièvre de la radioactivité. Elle ne se justifie, certes, en aucune manière. A la vérité, la Radioactivité apporte peut-être une explication à quelques énigmes de Thérapeutique thermale, et Plombières, où la Chimie n'avait trouvé antérieurement que quelques décigrammes de minéralisation banale, est, à bon droit, fort jalouse de sa radioactivité, comme l'est aussi Bagnères-de-Luchon, où une radioactivité élevée coïncide avec une minéralisation sulfurée, comme l'est encore la Bourboule, où de fortes proportions d'arsenic et d'émanation du radium s'allient très heureusement. Mais Vichy, mais Orezza et Spa, mais Contrexéville et Vittel, mais Cauterets et Eaux-Bonnes, mais Panticosa, et cent autres stations à minéralisation abondante ou spéciale, qui depuis longtemps ont fait leurs preuves, que peuvent-elles avoir à espérer ou à craindre, au regard des stations rivales, de l'intensité ou de la faiblesse de la radioactivité? Et d'ailleurs, étant donné une source quelconque, n'est-ce pas à la seule expérimentation thérapeutique de prononcer sur ses vertus curatives? La Thérapeutique constate, la Chimie et la Physique expliquent, ou tâchent d'expliquer, et elles donnent en outre au thérapeute des indications utiles. D'ailleurs, maintes sources, douées d'une réelle efficacité, non seulement n'accusent qu'une insignifiante minéralisation saline, mais encore, par surcroît, ont été trouvées fort peu radioactives. Qu'est-ce à dire! Tout simplement qu'il y a en elles autre chose encore que ce qu'on y a vu jusqu'ici.

Une eau minérale est, au surplus, un mélange extrêmement complexe, qui se présente dans un état d'équilibre déterminé. Et ce n'est pas avec des sels en solution. même additionnés de matières radioactives et de gaz rares, qu'on pourrait refaire ce mélange dans son même état, pas plus qu'on ne saurait, au moyen de produits chimiques, réaliser avec toutes ses nuances le parfum délicat d'une fleur.

Une eau minérale est un tout, un bloc; c'est une drogue très compliquée, une véritable thériaque, impossible à reproduire artificiellement dans son intégralité, comme l'opium, comme la digitale, comme la belladone. Elle a son individualité propre, avec ses attributs bien personnels.

Elle n'est d'ailleurs véritablement elle-même qu'à la source et au moment précis de l'émergence : de multiples altérations physico-chimiques l'attendent à la sortie du griffon. Que devient, en particulier, sa radioactivité? L'émanation du radium, avons-nous dit précédemment, se détruit peu à peu et d'une manière continue, suivant une loi telle qu'une quantité donnée se trouvera, environ quatre jours après, réduite de moitié. En fait, je ne saurais trop insister sur ce point, quelle que soit la richesse en émanation d'une source thermale, l'expérience montre que l'eau, quand elle est âgée d'un mois, n'est pratiquement plus radioactive. A ce point de vue, on pourrait dire d'une eau minérale, même si elle est fortement radioactive, qu'elle est vivante à la source, et qu'elle meurt lentement dans les bouteilles où on la conserve. Cette mort graduelle, rapprochée des autres altérations concomitantes, oxydation du soufre, précipitation du fer, etc., impose cette conclusion que les eaux minérales, pour donner leur maximum d'effet thérapeutique, doivent être prises à la source même.

Mais de ce qu'une eau minérale, transportée et conservée, a perdu sa radioactivité, il ne s'ensuit nullement, comme on l'a dit à tort, et pas toujours de bonne foi, qu'elle soit inefficace. Son action doit être un peu différente, plus ou moins affaiblie, et elle n'en reste pas moins, en général, un précieux succédané de l'eau prise et employée à la source. Tel est le cas, notamment, des eaux de Vichy, dont l'usage à domicile complète le traitement à la station.

Je vous disais tout à l'heure qu'au cours des désintégrations successives du radium, il y avait mise en liberté d'un gaz, l'hélium. Ce gaz fut aperçu dans le soleil en 1868, au moment d'une éclipse, grâce à une forte raie spectrale caractéristique. En 1895, Ramsay montra qu'en chauffant un minéral uranifère appelé *clévéite*, on en dégage un gaz identique à celui dont la présence avait été reconnue dans le soleil, et l'on fit de suite revivre l'appellation d'hélium.

Bien qu'issu d'une matière radioactive, l'hélium n'est pas radioactif. C'est, chose très curieuse, un gaz qui ne se combine avec aucune substance, c'est un solitaire, un sauvage, un célibataire endurci, qui refuse de « se marier » avec quoique ce soit. Il a d'ailleurs cela de commun avec quatre autres éléments gazeux, comme lui non radioactifs : le néon, l'argon, le krypton, le xénon. Ces cinq gaz sont dits *gaz rares*, parce qu'ils sont généralement peu abondants dans la nature. Il y en a de petites quantités dans toutes les eaux et dans tous les gaz naturels. Il s'en dégage aux griffons des sources en dilution dans l'azote, lequel entraîne aussi la majeure partie de l'émanation du radium venant de la profondeur.

Quel peut être l'intérêt des gaz rares pour l'hydrologie? De ce qu'ils sont chimiquement inertes, s'ensuit-il que leur action sur l'organisme soit nulle? Qui oserait le soutenir? Peut-on affirmer qu'ils ne sont pas susceptibles, dans des conditions favorables, de s'incorporer plus ou moins intimement à certains éléments du sang?

En ce qui concerne spécialement l'hélium, je ferai remarquer que sa molécule, qui se confond avec l'atome, est la plus légère de toutes celles que nous connaissons après la molécule d'hydrogène; son poids est 4, la molécule d'hydrogène, qui est formée de 2 atomes, étant 2. Cette exiguïté des dernières particules d'hélium communique à ce gaz, suivant une loi physique bien connue, un très grand pouvoir diffusif. Aussi possède-t-il une puissance de pénétration considérable, et semble-t-il difficile, quand il est présent en proportions notables, ce qui est le cas dans beaucoup de sources, de nier son influence sur les processus osmotiques, dont le rôle est capital dans les actes fonctionnels de la vie.

Il est évident que l'expérimentation physiologique peut seule, à cet égard, nous éclairer. Souhaitons que le problème, qui est encore tout entier, tente quelques habiles chercheurs.

L'hélium est quelquefois un gaz assez abondant : à la source de Santenay (Côte-d'Or) l'azote qui se dégage au griffon en renferme dix pour cent. Il est incombustible.

Comme, en outre, il est léger, on a eu l'idée de l'employer pour gonfler les ballons. La force ascensionnelle serait environ les neuf dixièmes de celle qu'on obtient avec l'hydrogène. Mais gonfler un ballon avec de l'hélium, n'est-ce pas comme si l'on voulait paver les rues de Biarritz avec du diamant? Qu'importe! En décembre dernier, me trouvant à Washington, je vis les Américains, qui disposaient de cinq mille mètres cubes d'hélium à la fin de la Guerre, en gonfler un dirigeable. Quelle sécurité lorsqu'on pourra monter en ballon sans qu'il risque de prendre feu!

J'aurais voulu vous dire deux mots des ions, des colloïdes, etc., mais cela me mènerait trop loin, et je dois m'arrêter. Je me résume :

L'on peut, sans que l'idée ait rien d'absurde, supposer qu'il y a dans les eaux minérales au moins des traces de tous les éléments et que les proportions seules sont variables. Si maintenant nous nous demandons quelle est la part de chacun des éléments dans l'action thérapeutique d'une eau minérale déterminée, nous nous heurtons à un problème infiniment complexe. Il paraît hors de doute que l'état physico-chimique des divers éléments dans les eaux minérales, leurs proportions plus ou moins heureuses réalisées par le hasard, la radioactivité, le degré d'ionisation, les actions catalytiques, sans parler du mode d'emploi, de la température, etc., doivent être des facteurs essentiels.

Parmi les divers éléments de la cure thermale, nous n'avons encore parlé que de l'emploi de l'eau minérale. Il importe, avant de quitter ce sujet, d'appeler l'attention sur l'état particulier de l'air atmosphérique dans les stations. Cet air contient une proportion anormale d'émanations radioactives et, par suite, d'ions ou centres électrisés. Les malades respirent donc plus de matières radioactives et plus d'ions. Ici le débit en gaz spontanés des sources de la station prend une réelle importance, et l'hororadioactivité des gaz thermaux, suivant la conception de Frenkel, apparaît avec tout son intérêt. Une faible teneur des gaz thermaux en émanations radioactives peut être avantageusement compensée par un grand débit. Cela s'observe, notamment, à Vichy, où les gaz spontanés des sources sont, à la vérité, peu radioactifs, mais, par contre, extrêmement abondants, en sorte que des quantités considérables d'émanations radioactives y sont, en définitive, sans cesse déversées dans l'atmosphère.

En ce qui concerne, d'autre part, la balnéation thermale, on conçoit tout l'intérêt qu'offrent ces nouvelles données. Il conviendra, revenant ainsi, après de longs détours et comme n'a cessé de le conseiller Landouzy, à la pratique des Romains, il conviendra d'établir des cabines de dimensions convenables, pas trop spacieuses, où les émanations radioactives qui se dégagent de l'eau du bain ne soient pas trop diluées, afin que le malade puisse respirer le plus possible de ces émanations, avec les ions qu'elles créent à tout moment.

Je pourrais ajouter que les stations à altitude élevée sont riches en rayons ultra-violets, lesquels ont également la propriété d'ioniser l'air. Celui-ci y est donc, de ce seul fait, et toutes choses égales, d'ailleurs, plus riche en ions ou centres électrisés que dans la plaine.

Quelle part d'influence l'air des stations, qu'il s'agisse de l'air libre ou de celui des cabines de bains, possède-t-il dans l'effet global de la cure thermale? C'est là un problème de climatothérapie que je me borne à poser, non toutefois sans exprimer l'opinion que ce facteur de la cure n'est pas le moins intéressant.

Nous, chercheurs, nous sommes pareils à l'alpiniste qui, à mesure qu'il gravit les sommets, voit l'horizon sans cesse reculer devant lui. L'action des eaux minérales, parfois si surprenante, si extraordinaire, demeure toujours mystérieuse; et c'est précisément à percer ce mystère que visent nos travaux.

Si l'observation du clinicien doit, dans tous les cas, rester à la base des applications thérapeutiques, il n'en faut pas moins poursuivre le travail des recherches physico-chimiques et physiologiques. Tel a été notre but en créant à Paris l'Institut d'Hydrologie et de Climatologie. Nous avons un budget alimenté par la caisse des jeux des casinos, nous avons six laboratoires principaux, trois au Collège de France, deux à la Faculté de Médecine, un à la Sorbonne, sans parler des laboratoires annexes. Il est dans notre programme, dont l'exécution est en cours, de réviser l'analyse des eaux minérales de France, en mettant en œuvre les méthodes modernes, et aussi d'étudier systématiquement l'action sur l'organisme des eaux minérales et de leurs constituants.

Tout nous permet d'espérer que nous arriverons à des résultats utiles au progrès général de l'Hydrologie et de la Climatologie, et spécialement intéressants pour la connaissance des eaux minérales françaises, dont l'ensemble constitue une gamme thermale incomparable.

Il n'est pas douteux que les recherches physico-chimiques ne soient appelées à rajeunir sans cesse l'Hydrologie et la Climatologie, en leur ouvrant sans cesse de nouvelles perspectives, en leur apportant sans cesse des connaissances nouvelles et toujours plus profondes sur la véritable constitution physico-chimique du Globe, et, par suite, sur la véritable constitution physico-chimique des eaux et des atmosphères.

Mais je m'aperçois que j'ai parlé beaucoup plus longtemps que je ne me l'étais proposé. Je m'excuse de vous avoir fait presque une leçon, et je vous remercie de l'honneur que vous m'avez fait en m'écoutant avec tant d'attention et de bienveillante sympathie.

POUR LA DOCUMENTATION SCIENTIFIQUE[1]

Savoir ce qui s'est fait et savoir ce qui se fait dans les laboratoires du monde entier constitue une des conditions nécessaires de la recherche scientifique et, par suite, du progrès. Cette nécessité, reconnue depuis longtemps, a donné naissance, pour les différentes sciences, à des publications plus ou moins importantes, où l'on s'est efforcé, pour chaque discipline déterminée, de rassembler la documentation indispensable.

Avant la Guerre, une telle documentation était pratiquement assurée par l'Allemagne, qui, seule, avait compris son importance immédiate, et aussi les avantages d'influence qu'elle pouvait tirer de cette sorte d'hégémonie.

La situation n'est plus la même aujourd'hui. Nos alliés anglo-saxons ont compris qu'un effort devait être accompli par eux dans le domaine documentaire ; déjà en grande partie réalisé, il le sera complètement à bref délai.

Dans ces conditions, quelle est la part qui reste à la

1. *Écho de Paris*, 8 octobre 1922.

France? En fait, la situation est la suivante : le monde se trouve divisé en trois groupements : le groupement allemand, le groupement anglo-saxon et le groupement latin-slave. La France doit incontestablement prendre la tête de ce troisième groupement. C'est la langue française qui doit assurer la documentation scientifique des peuples qui ne se rattachent ni au groupement allemand ni au groupement anglo-saxon. Cette conclusion ne nous est pas, d'ailleurs, personnelle, c'est également celle à laquelle sont arrivés nos alliés dans les différentes conférences scientifiques qui ont été tenues récemment.

Il s'agit maintenant de passer à la réalisation. Celle-ci a été étudiée par la Confédération des Sociétés scientifiques (composée de quatre fédérations : la Fédération des Sociétés physiques, la Fédération des Sociétés chimiques, la Fédération des Sociétés de sciences naturelles, et la Fédération des Sociétés de sciences philosophiques et historiques), et un projet complet en est résulté. Nous nous proposons de réaliser une documentation scientifique aussi parfaite que possible en langue française, destinée à répondre aux besoins documentaires de notre pays, des pays latins et des pays slaves. L'œuvre à entreprendre est considérable. Elle demande des sacrifices importants.

Des raisons de fait ont forcé les Fédérations françaises à faire appel à l'État pour commencer le travail. Ces raisons sont les suivantes :

La documentation scientifique n'est pas commercialement viable, parce qu'il est impossible, si l'on désire assurer la diffusion, de vendre les publications à des prix correspondant aux dépenses de leur établissement. En fait, quel que soit le pays considéré, quelle que soit la science envisagée, les publications documentaires ont toujours constitué des charges financières pour les groupements qui les publiaient. Même pour l'Allemagne, et malgré la diffusion mondiale de ces publications, celles-ci ne pouvaient continuer à paraître que grâce aux sacrifices de toutes sortes qui étaient consentis en leur faveur.

La documentation scientifique devait donc être considérée comme une charge de l'État, au même titre que les laboratoires, le personnel, etc...;

Le Parlement, grâce à l'énergique intervention de M. Maurice Barrès, a déjà fait un sacrifice vraiment méritoire, eu égard aux difficultés budgétaires du moment. Il a compris qu'il fallait à tout prix sauver la science française, et favoriser son rayonnement dans le monde en fournissant à nos sociétés scientifiques les ressources nécessaires pour forger cet outil indispensable à la recherche scientifique qu'est la documentation bibliographique. Un premier crédit de deux cent mille francs fut inscrit pour cet objet dans la loi de finances de 1920 et un second de cent mille francs au budget de 1921.

Ces sommes, malgré leur modicité, nous ont néanmoins permis de faire œuvre utile. Grâce à la décision que nous avons prise, en attendant mieux, de concentrer nos efforts sur un petit nombre de publications, quelques-uns de nos Bulletins feront bientôt figure honorable à côté des organes similaires de l'étranger. Mais pour réaliser, dans les différentes disciplines, un programme digne de la France et des nations qui désirent s'inspirer de son esprit et de ses méthodes, il nous faut des crédits beaucoup plus importants que ceux dont nous disposons. Il est douteux que l'Etat consente à une augmentation sérieuse, et nous devons, dès maintenant, nous tourner vers les initiatives privées. Aussi celle de M. Henry Bernstein[1] nous est-elle particulièrement précieuse, parce qu'elle nous apporte une force nouvelle et absolument imprévue. Tous les patriotes clairvoyants, et en particulier les trente mille membres de la Confédération des Sociétés scientifiques, applaudiront à son geste, comme étant celui d'un homme pour qui « servir » n'est pas un vain mot.

1. Le célèbre auteur dramatique a donné une représentation de gala de sa pièce *Judith* pour l'œuvre des *Bulletins de documentation scientifique.*

LA CRISE
DE NOTRE INDUSTRIE CHIMIQUE ORGANIQUE ET LA DÉFENSE NATIONALE[1]

Une émotion très vive se manifeste actuellement dans tous les milieux qui portent intérêt à l'avenir de l'industrie chimique organique de France. La tourmente économique va-t-elle jeter bas l'édifice construit chez nous — avant, pendant et après la Guerre — au prix de tant d'efforts, et verrons-nous, en face de ces ruines, se dresser en pleine prospérité le formidable et menaçant arsenal de l'industrie organique allemande ?

Et cependant ce n'est plus, comme jadis, l'ensemble des méthodes industrielles ou commerciales de nos producteurs qu'il y a lieu d'incriminer. Mais la dépréciation du mark est un tel facteur d'inégalité entre les prix de revient allemand et français que l'on peut, à coup sûr, présager la fermeture prochaine de ceux des ateliers de fabrications organiques de nos usines chimiques qui travaillent encore si un prompt secours ne leur est pas apporté dans cette lutte à armes trop inégales.

1. *Revue scientifique*, 28 octobre 1922.

Certains s'étonnent que notre situation puisse être aussi critique. « De tout temps, disent-ils, il y a eu des crises économiques, et c'est en les traversant indemne qu'une industrie donne la preuve de sa vitalité. Et encore l'industrie organique française est-elle protégée par notre tarif douanier et par les dispositions spéciales du Traité de Paix concernant les prestations de colorants artificiels et produits courants. Si, dans ces conditions, elle ne peut pas vivre, c'est que l'œuvre est factice. Résignons-nous donc à reconnaître à cet égard la supériorité de l'Allemagne, approvisionnons-nous à meilleur compte sur le marché allemand ; ce sera tout bénéfice pour nombre d'industries consommatrices, dont l'essor nous apportera de larges compensations commerciales. »

Ce raisonnement implique une entière méconnaissance du problème, et il écarte, en outre, des préoccupations que tout Français devrait avoir sans cesse présentes à l'esprit. Il importe donc d'éclairer l'opinion publique quant à l'influence, sur l'industrie chimique organique, du déséquilibre économique actuel, qui ne justifie que trop, en ce qui la concerne, toutes les anxiétés, en dépit, ou plutôt, en raison même de l'effort vraiment méritoire accompli en vue de nous affranchir du monopole allemand.

Il ne faut pas que l'opinion oublie les nécessités d'ordre national auxquelles elle répond. Le caractère impérieux de cette industrie, universellement reconnu au lendemain de la Guerre, paraît s'effacer dans beaucoup de mémoires. Il faut bien se convaincre qu'en tarissant sur le sol français une source à laquelle viennent puiser toutes les branches de l'activité économique, on commettrait une lourde faute, qui se retournerait contre ses propres auteurs.

Si l'on prend la peine de lire l'exposé de motifs donné par **M. Clémentel**, Ministre du Commerce, lors de la discussion du projet de loi du 7 novembre 1919, ayant pour objet d'instituer une législation douanière efficace pour la protection de nos industries chimiques, on verra que l'on mesurait, à cette époque, toute leur importance au point de vue économique et militaire, et l'on verra aussi qu'à la vérité notre Gouvernement et nos industriels envisageaient alors avec un courageux optimisme la lutte que ces derniers auraient à subir contre leurs concurrents allemands. Mais qui eût pu supposer que la valeur du mark descendrait jamais au taux où il est tombé ?

LE CARACTÈRE EXCEPTIONNEL DE LA SITUATION ACTUELLE

La situation actuelle est donc sans précédent. Le déséquilibre monétaire est tel que les conditions de production dans les divers pays ne sont plus comparables entre elles. Quand un pays à change déprécié trouve sur son sol toutes les matières premières nécessaires à l'une de ses industries, quand cette industrie dispose d'un outillage de production intensive perfectionné et d'ailleurs amorti par des bénéfices antérieurs, de quelle

supériorité cette industrie ne jouit-elle pas sur l'industrie concurrente d'un pays où matières premières et
main-d'œuvre coûtent cinq à dix fois plus cher, et qui
vient de procéder, dans les conditions les plus onéreu-
ses, à la réfection ou à l'aménagement de son matériel
de production ?

Telles sont, en ce moment, les situations relatives des
industries organiques en Allemagne et en France.

Qu'une catastrophe financière, en Allemagne, doive
être la conséquence inévitable de cette politique d'ef-
fondrement monétaire, cela se peut et les économistes
le prévoient, sans d'ailleurs se hasarder à en annoncer
l'échéance.

En attendant, les industriels allemands auront su mettre à profit les avantages que leur confère cette politique
pour évincer définitivement notre concurrence. Non con-
tents de posséder la maîtrise des marchés d'exportation,
ils ont trouvé les fissures de notre barrière douanière.
Certes, celle-ci se dresse infranchissable contre tous produits officiellement importés d'Allemagne, mais il existe
bien des procédés frauduleux, et même légaux, pour
tourner l'obstacle et n'avoir plus à franchir que le léger
talus d'un tarif minimum.

Le procédé frauduleux, c'est la déclaration d'origine
inexacte, dont le contrôle ne peut pratiquement pas être
exercé à l'étranger, et que les experts, quelque fortes
que soient leurs présomptions quant à la non-authenti-
cité d'un échantillon, sont dans l'impossibilité de contester formellement.

Le procédé légal consiste dans une transformation finale qu'un produit allemand va subir dans un pays étranger, pour y acquérir, avec une nouvelle nationalité, le droit au tarif douanier le plus avantageux.

D'aussi habiles méthodes ont abouti au résultat cherché : la fabrication française trouve indirectement la concurrence allemande sur le marché national. Cette nouvelle restriction à ses débouchés compromet irrémédiablement le succès de tous ses efforts.

LES EFFORTS ACCOMPLIS

Cependant un travail considérable avait été accompli, qui, dans une période normale, aurait, à n'en pas douter, porté ses fruits.

Non seulement nos industriels ont renouvelé et modernisé leur outillage, mais ils ont, en outre, créé de toutes pièces des ateliers nouveaux pour la fabrication de produits dont jusqu'à ce jour l'Allemagne détenait le monopole. C'est ainsi que les sociétés qui ont consacré leur activité aux produits pharmaceutiques, aux produits photographiques et aux produits de synthèse destinés à la parfumerie, se trouvent en mesure de satisfaire à tous les besoins de la consommation française et sont même susceptibles de faire de très larges exportations. Dans le domaine des matières colorantes artificielles, la production française dépasse maintenant les quatre-vingt-cinq centièmes des besoins très importants de la consommation nationale. Et il ne s'agit plus là d'un finissage analogue à celui que les Allemands avaient institué avant la Guerre dans les succursales créées par eux en France : la gamme des produits intermédiaires nécessaires à la fabrication des colorants est réalisée en France d'une manière à peu près complète.

Les industriels ont d'ailleurs compris qu'aucun effort ne serait durable si, à côté d'ateliers de fabrication bien outillés, ils ne développaient pas leurs organismes de recherches, tant pour l'amélioration constante des procédés mis en œuvre que pour la découverte de produits nouveaux et la mise au point de leurs procédés de fabrication. C'est avec toute leur foi scientifique, nous nous plaisons à le constater, qu'ils ont considéré comme essentiel cet aspect du problème.

Parallèlement à cette œuvre proprement industrielle, il a fallu donner à l'enseignement de la Chimie une impulsion en rapport avec les besoins en techniciens appelés à peupler les laboratoires et les ateliers.

Quand on comparait, d'ailleurs, le nombre de nos chimistes avant la Guerre à celui que possédait l'Allemagne, quand on ajoutait à cet écart les pertes, certes glorieuses, subies aux armées par notre effectif de chimistes déjà si réduit, on pensait que jamais l'effort réalisé ne serait trop étendu. Aussi les élèves ont-ils afflué vers les Écoles de Chimie, depuis trois ans, en nombre toujours croissant. Faut-il ajouter que le corps professoral a fourni un labeur considérable, pour donner à tous ces étudiants un enseignement technique moderne qui soit véritablement digne du grand but à atteindre?

Mais si notre industrie, loin de demander aux Ecoles de nouveaux techniciens, doit, au contraire, licencier des chimistes actuellement attachés à ces usines, il n'est que trop évident qu'on ne tardera pas à voir nos jeunes gens se détourner d'une voie offrant un avenir aussi incertain. Un tel résultat consacrerait la déchéance de notre industrie chimique organique. Réciproquement, c'est aussi notre avis très ferme que l'avenir de la Science chimique pure, en France, est étroitement lié à l'existence d'une industrie organique vigoureuse. Car il est hors de doute que, sans elle, nous n'aurions pas cette pépinière de jeunes chercheurs où se révéleront les continuateurs des savants qui, de tout temps, dans ce domaine, ont honoré notre pays.

LA DÉFENSE NATIONALE

Mais, plus impérieusement que quoi que ce soit, c'est la Défense Nationale qui, tout d'abord, exige que l'impossible soit fait pour sauver l'œuvre accomplie.

Tous ceux qui ont participé, pendant la dernière guerre, à l'improvisation fiévreuse de notre riposte chimique, tant pour la fabrication des explosifs que pour celle des gaz de combat, conservent le souvenir de l'anxiété qui les étreignait à la pensée que les munitions pourraient manquer à nos armées. Ils n'oublient pas, d'ailleurs, que s'ils ont finalement réussi à assurer l'approvisionnement nécessaire, c'est parce qu'il subsistait sur le territoire quelques usines de produits organiques, dont l'importance était fort loin, assurément, de celle des usines similaires allemandes, mais qui, néanmoins, avec leurs cadres de techniciens, ont servi d'ossature au gigantesque effort accompli.

A plusieurs reprises, cependant, notre infériorité sur le terrain chimique a failli nous être fatale, et qui dira jamais combien de vies françaises furent la rançon des retards dus à l'insuffisance de notre préparation[1]?

Les leçons d'aussi douloureuses épreuves ne doivent pas être perdues. Le risque couru a été trop grand pour que ceux qui ont charge de prévoir et d'organiser la sécurité nationale puissent accepter qu'à nouveau le pays se trouve exposé à pareil danger. Du reste, l'évolution des procédés de combat et la prédominance qu'a prise l'arme chimique nécessiteraient une mise en action beaucoup plus rapide de tous les moyens de production. Il nous faut, à tout prix, une industrie chimique organique beaucoup plus développée qu'autrefois, servie par un personnel technique plus nombreux et mieux entraîné qu'autrefois. La guerre venant à éclater, il n'y aurait là, pour le pays, rien de moins qu'une question de vie ou de mort.

---

1. Nous recommandons à cet égard la lecture de l'ouvrage fort intéressant et très documenté écrit par le Major Lefebure, de l'armée anglaise : *L'énigme du Rhin, La Stratégie chimique en temps de guerre et en temps de paix*, préface des Maréchaux Foch et Wilson (Traduction française chez Payot).

L'industrie chimique organique constitue, au demeurant, une source indéniable de prospérité pour la nation qui en est dotée.

Toutes les autres branches de l'industrie, et, en réalité, même, toutes les branches de la production générale, sont, à des degrés divers, les tributaires ou les pourvoyeuses de l'industrie chimique organique. Si elles sont ses pourvoyeuses, leur intérêt est, évidemment, qu'un aussi important débouché subsiste et grandisse sur notre sol. Sont-elles ses tributaires, la politique qu'elles suivraient en recherchant actuellement les produits allemands, et en provoquant par là la fermeture des usines françaises, serait à bien courte vue. Si, en effet, la consommation française vient à tomber de nouveau sous la dépendance des producteurs étrangers, pour avoir méconnu l'effort accompli en vue de l'en libérer, elle ne pourra manquer de leur payer bientôt un tribut beaucoup plus lourd que le profit momentané retiré de son attitude présente.

LA NÉCESSITÉ D'UNE ACTION PROMPTE

Dans d'autres pays, le problème a été ainsi exposé à l'opinion publique, et des dispositions spéciales ont été prises pour que l'industrie chimique organique ne sombre pas au cours de la tempête économique actuelle.

Les Etats-Unis, l'Angleterre, l'Italie, le Japon ont décidé de passer au crible les produits organiques se présentant à leurs frontières, et d'admettre seulement ceux que l'industrie du pays ne produit pas ou produit en quantité insuffisante pour les besoins intérieurs.

Autant et plus que dans ces pays, il semble que l'institution d'un tel régime se justifierait dans le nôtre. Bien entendu, l'on ne saurait envisager que des dispositions provisoires, qui devraient disparaître sitôt qu'une certaine stabilité monétaire aurait permis de rétablir des échanges commerciaux normaux.

C'est aux pouvoirs publics qu'incombe le choix des moyens à adopter. Mais, quels que soient ces moyens, il importe d'agir vite. Plus on tarde et plus il sera difficile de rétablir une situation déjà gravement compromise. A chaque atelier français fermé correspond un nouvel atelier allemand mis en marche; à chaque chimiste français licencié un chimiste allemand engagé. Sur une telle pente, il faut s'arrêter alors qu'il en est temps encore, il faut ouvrir les yeux, mesurer la profondeur du précipice et faire appel à toute notre énergie, non seulement pour n'y point tomber, mais pour reprendre la marche ascendante vers les sommets où l'on aperçoit la grandeur de la Patrie.

A LA SOCIÉTÉ CHIMIQUE DE FRANCE[1]

Mes chers Collègues,

Le nom de Pasteur domine toute l'année scientifique. Partout on commémore ce grand homme, le plus grand de tous, parce qu'il a été le plus bienfaisant.

Dans cette explosion magnifique et vraiment touchante de la reconnaissance universelle, ce sont surtout ses découvertes biologiques, avec leurs applications à l'Hygiène et à la Médecine, qui se présentent au souvenir de la piété publique. Rien n'est plus naturel, et il nous est infiniment doux, à nous Français, de nous savoir assurés que les victoires de Pasteur sur la maladie et la mort suffiraient, à défaut d'autres titres à la gratitude des peuples, pour faire vivre notre patrie dans le cœur des hommes jusqu'à la fin des siècles.

On sait aussi, assez généralement, que l'Agriculture a largement bénéficié des travaux de Pasteur. Mais une constatation s'impose aux chimistes; l'œuvre propre-

1. Allocution du Président, prononcée au banquet annuel de la Société, le 18 mai 1923.

ment chimique de Pasteur est ignorée, et le fait que Pasteur était chimiste, et non pas médecin, rencontre d'ordinaire le plus sincère étonnement. Tant il est vrai que, pour la multitude, les résultats seuls, non les moyens, importent.

Et pourtant, combien il serait utile, pour la cause du progrès scientifique, générateur de santé, de richesse et de bien-être, que le public pût saisir cette vérité que tout se tient dans le merveilleux équilibre du Monde, et que, selon le mot de Pascal, l'étude approfondie du plus petit phénomène conduirait, de proche en proche, à la connaissance de toutes les lois de l'Univers. Entre l'acide tartrique, avec ses cristaux dissymétriques, et la rage, le chemin parcouru a été long, assurément, mais la chaîne des observations a été d'une parfaite continuité.

Chimiste, Pasteur l'était dans l'âme. C'est le sens le plus pénétrant des grands problèmes chimiques de la Nature, morte ou vivante, qui fut la caractéristique de son génie intuitif, sans cesse discipliné par une impeccable rigueur expérimentale. Mais un point doit être fixé. N'eût-il donné à la Science que la notion de dissymétrie moléculaire et ses relations avec le pouvoir rotatoire, sans en tirer aucune conséquence biologique ni aucun bienfait immédiat pour l'Humanité, Pasteur n'en apparaîtrait pas moins, aux yeux du philosophe qui observe la succession des conquêtes de l'homme sur la Nature, comme un savant de haute lignée, parce que la dissymétrie moléculaire, liée au pouvoir rotatoire, est une précision tangible et très profonde sur la structure de la matière.

A bien réfléchir, reconnaissons-le, c'est, en réalité, la Stéréochimie, fondée par Pasteur en 1855 et à laquelle, quelque vingt ans plus tard, les travaux de notre compatriote Le Bel et du hollandais Vant'Hoff devaient donner un si éclatant renouveau de jeunesse et de hardiesse, c'est la Stéréochimie qui, en assignant à chaque atome sa position dans la molécule et les limites de l'espace où il est tenu de se mouvoir, nous permet de pouvoir compter, en toute tranquillité, sur la solidité de notre système de formules de constitution.

Cette force de démonstration apportée par la Stéréochimie à la Théorie Atomique a été décisive, et la Théorie Atomique, imaginée et édifiée toute entière par les chimistes, n'avait nul besoin, pour être elle-même, et pour convaincre les plus sceptiques, de tout ce développement de l'Atomistique, d'ailleurs admirable, auquel nous assistons depuis un quart de siècle, et dont le mérite revient principalement aux Physiciens, à ces mêmes Physiciens qui, après avoir — avec quelques chimistes, pour tout dire — longtemps souri aux soi-disant fantaisies des atomistes, font aujourd'hui de la réalité atomique une vérité banale qui ne se discute pas et en oublient, ou presque, les vrais novateurs : Dalton, Avogrado, Berzélius, Gerhardt, Kékulé, etc...

Telle est la portée des recherches de Pasteur dans l'ordre de la Chimie spéculative. Ne serait-il pas superflu d'évoquer ses travaux de Chimie appliquée, qui ont tant fécondé, entre autres, les industries des fermentations ? Au surplus, les découvertes chimiques de Pasteur, avec leurs conséquences pratiques, ont été naguère magistralement retracées par nos collègues Gabriel Bertrand et Derrien.

Pasteur chimiste ! Voilà, pour conclure, ce qu'il faut que sache le public, qui comprendra ainsi toute l'importance de notre Science. Et, sous ce rapport, ne craignons pas les exagérations. La Chimie, placée entre la Physique et la Biologie, est au carrefour des Sciences, et Duclaux a pu dire, dans son style lapidaire, qu'elle est « au fond de tout » et que « rien ne lui échappe ». Ne nous lassons pas de le répéter : les transformations profondes de la matière, domaine propre de la Chimie, sont l'essence même de la vie, elles créent l'énergie et elles constituent une source intarissable de forces naturelles ; et, par là, elles se trouvent nécessairement à la base de toutes les manifestations de l'activité. En fait, les sociétés modernes sont constituées de telle sorte que tout progrès dans notre alimentation, notre habillement, l'hygiène de nos foyers, l'éclairage, le chauffage, les précautions contre les maladies et leur traitement, est directement lié au progrès même de la Chimie.

Grande est la tâche des chimistes. Grande surtout, et combien impérieuse et urgente, celle des chimistes français, avec une France épuisée par d'immense pertes de sang et de richesses et pour qui, hélas ! la sécurité des frontières reste, encore et toujours, le souci dominant.

La Société chimique de France mesure toute l'étendue

de ses devoirs et de ses responsabilités. Elle ne faillira pas à sa mission. Après la terrible tourmente, un moment désemparée, elle s'est courageusement ressaisie. Et déjà l'on aperçoit les symptômes d'une renaissance qui rappellera les plus beaux jours.

L'année dernière, sous l'active présidence de M. Blaise, nous eûmes une vitalité depuis longtemps inconnue, manifestée par une notable augmentation du nombre de nos membres, par une affluence toujours croissante, avec de multiples communications, à nos réunions bimensuelles, et par un rapide développement de notre *Bulletin*, désormais subventionné par les Pouvoirs Publics. Tout n'est cependant pas à souhait. Notre documentation bibliographique, dont tout le monde nous loue, a de grandes exigences, et, malgré les crédits que l'État nous accorde pour cet objet, nous sommes obligés, pour y suffire, d'élever sensiblement le taux de notre cotisation. Et puis, si nous voulons véritablement prospérer, ne nous faut-il pas un minimum d'administration, qui manque aujourd'hui totalement. Aidons-nous, le ciel nous aidera.

Et soyez bien assurés, par-dessus tout, qu'il ne dépendra pas de votre nouveau président, fort de votre confiance, de vos vice-présidents, de votre secrétaire général, de votre rédacteur en chef, de votre Conseil tout entier, secondé par vous tous, que la Société chimique de France ne reçoive encore de vigoureuses et heureuses impulsions.

D'ailleurs, des témoignages d'intérêt et de sympathie

ne lui viennent-ils pas de toutes parts? Et nos hôtes de ce jour n'en sont-ils pas les meilleurs garants? C'est à eux que je donnerai ce soir ma dernière pensée.

Je lève d'abord mon verre à M. le professeur Jæger, de Groningue, membre de l'Académie des Sciences d'Amsterdam, notre conférencier de ce jour, dont nous avons chaleureusement applaudi le très savant et très bel exposé, et M. le professeur Dutoit, Président du Conseil de la Chimie suisse.

Je bois ensuite, les unissant dans une même sympathie : à M. Faure, président du Syndicat des fabricants de produits pharmaceutiques, dont l'un des membres les plus importants, M. Famel, notre collègue depuis quarante ans, est du reste parmi nous, j'ai grand plaisir à le remarquer; à M. Kestner, président de la Société de Chimie industrielle, loin de Paris, mais présent à cette réunion par l'esprit et par le cœur, et qui a tenu à ce que la dite Société fût représentée auprès de vous pas un de ses vice-présidents, le professeur Matignon; à M. Grillet, directeur général de la Société chimique des Usines du Rhône; à M. le professeur Valeur, directeur général des fabrications des Établissements Poulenc Frères; à M. Frossard, directeur général de la Compagnie nationale de matières colorantes et de produits chimiques. Ces éminents praticiens de la Chimie, en répondant à notre appel, ont affirmé, une fois de plus, leur volonté, ainsi que la volonté des groupements qu'ils dirigent, de marcher la main dans la main avec ceux qui s'efforcent, par l'investigation scientifique de chaque jour et par leurs avis, d'élargir et de fertiliser sans cesse les champs de leur activité.

Messieurs, à nos hôtes!

A EMMANUELE PATERNO DI SESSA[1]

ILLUSTRE CONFRÈRE ET CHER MAÎTRE,

La Société chimique de France vous apporte ses félicitations et ses vœux. Elle se souvient avec fierté que vous fûtes un de ses premiers adhérents, et elle vous compte depuis de longues années parmi ses membres d'honneur.

Vous appartenez aussi, et nous en sommes particulièrement heureux, à notre Institut, dont l'Académie des Sciences, représentée ici par notre confrère M. Henry Le Chatelier, peu après vous avoir élu correspondant de sa section de Chimie, a tenu à rendre à vos travaux le suprême hommage en faisant de vous l'un de ses dix membres associés étrangers. Et c'est au même titre que vous êtes encore des nôtres à l'Académie de Médecine, qui a délégué à cette cérémonie son ancien Président, M. Auguste Béhal.

Nous aimons à évoquer, comme vous le fîtes vous-même naguère dans une circonstance solennelle en termes émus, vos débuts dans la recherche scientifique,

1. Adresse du Président de la Société chimique de France (6 juin 1923).

marqués par la découverte de l'aldéhyde bichloré et la synthèse de l'aldéhyde crotonique, qui furent présentées à l'Académie des Sciences par Adolphe Wurtz en 1868 et en 1869.

« En France et parmi les chimistes français il me semble toujours être chez moi », dites-vous, après avoir affirmé, ce qui nous touche infiniment, que « la Chimie italienne tient ses origines de la Chimie française », et vous ajoutez, avec une charmante philosophie : « Dans le tumulte de l'existence, et surtout à notre époque de vie ardente et appliquée, bien des choses sont oubliées; mais lorsqu'on atteint l'âge où l'on ne vit que de souvenirs, le souvenir le plus doux est, pour l'intelligence, celui des premiers succès, comme pour le cœur celui du premier amour. »

Par ailleurs, pourrions-nous oublier cette collaboration permanente, étroite et pleinement confiante, qui s'est poursuivie entre les chimistes italiens, sous votre haute et active direction, et les chimistes français, durant la terrible tourmente où a failli sombrer notre commune civilisation?

Les liens qui nous unissent à vous ne sont pas de ceux que le temps peut abolir ou même affaiblir. Votre âme et la nôtre vibrent à l'unisson. Et si quelque chose égale notre très haute estime pour votre carrière et votre œuvre scientifique, dont plus de deux cents mémoires, portant sur toutes les branches de la Chimie, attestent la fécondité, c'est notre sincère amitié.

Aussi, grande est notre joie en cet instant inoubliable,

où nous voyons vos collègues, vos élèves, dont beaucoup sont à leur tour devenus des maîtres, vos amis, tous les vôtres, empressés autour de vous, pour vous offrir ce témoignage unanime d'admiration, de gratitude et d'affection.

Et c'est le cœur empli d'émotion, illustre Confrère et cher Maître, qu'au nom de la Société chimique de France je vous remets cette plaquette à l'effigie de Lavoisier. Acceptez-la comme gage de ses sentiments fidèles pour l'un de ses membres qui l'honorent le plus et auxquels elle reste le plus cordialement attachée.

A LA SOCIÉTÉ CHIMIQUE DE FRANCE[1]

Mes chers Collègues,

Si les savants français ont toujours hautement apprécié la visite de leurs confrères étrangers, qui témoignent ainsi en quelle estime ils tiennent la Science française, nous sommes particulièrement sensibles à leurs marques de sympathie en ce moment, où notre pays est abreuvé de tant d'amertumes et si odieusement calomnié. C'est dans des réunions amicales comme celle-ci qu'apparaît la vraie figure de la France, bonne et généreuse, au travail pour la réparation des malheurs dont elle a été l'innocente victime, d'un incorrigible optimisme malgré toutes ses déceptions, éprise d'un idéal de paix et de concorde entre tous les hommes basé sur le droit et la liberté. J'adresse les remerciements de notre Société à MM. Jonesco, Lasareff, Lowry, Seidell, Titoff, qui ont bien voulu se rendre à notre invitation. Et je tiens à remercier tout spécialement notre fervent ami M. le professeur Swarts, qui nous a apporté, avec les lumières de ses

1. Allocution du Président, prononcée au banquet annuel de la Société, le 6 juin 1924.

travaux et de son savoir, un nouveau témoignage de l'affection fidèle de sa noble patrie.

Je salue les représentants de la Fédération nationale des Associations de Chimie : M. Matignon, représentant M. le ministre Dior, président de la Société de Chimie industrielle, lequel, en acceptant de diriger les destinées de cette jeune et déjà très importante Société, après les efforts féconds de son fondateur M. Paul Kestner, activement secondé par M. Gérard, lui donne, ainsi qu'à la Fédération elle-même, un si grand surcroît de force et d'autorité ; MM. Bué, Job, Montavon, Pottevin, Simon, qui se sont empressés de répondre à notre appel, au nom des Sociétés des chimistes de sucrerie et distillerie, de Chimie-Physique, des chimistes de l'Industrie textile, des Experts chimistes, de Chimie biologique. Je souhaite la bienvenue à M. Duchemin, président de l'Union des Industries chimiques, et à M. Galbrun, président du Syndicat des produits pharmaceutiques. La présence parmi nous de personnalités si distinguées, venues des horizons les plus divers de la Chimie, et dont il me serait facile d'allonger la liste en jetant les yeux autour de moi, atteste l'étroite solidarité qui unit tous les chimistes français.

Vous savez quels heureux résultats a déjà produits cette solidarité. C'est grâce à elle qu'en plein accord avec les autres Fédérations, et par l'organe de ce grand écrivain ami des sciences qu'était Maurice Barrès, l'appui financier de l'État a pu être obtenu pour la création de toute une bibliographie scientifique par la Société chimique de France, laquelle, personnifiant la Chimie française dans ce qu'il y a de général et d'essentiel, fournit ainsi à tous les chimistes la documentation fondamentale qui leur est nécessaire pour la poursuite de leurs travaux. Nous espérons mieux encore. Et peut-être voit-on poindre le jour où, grâce à un heureux concours de circonstances et de bonnes volontés, dans les sphères gouvernementales et dans le monde de plus en plus clairvoyant des producteurs, nous aurons enfin notre maison commune, la *Maison de la Chimie*, comme on se plaît à l'appeler déjà, où tous les membres de la grande famille chimique, toutes cloisons étanches pour jamais disparues, travailleront ensemble pour le progrès de la Science et de ses applications au bien-être général.

En attendant, nous remplissons tous notre tâche, ne connaissant d'autres limites que celles de nos forces. Et c'est vraiment, à cette minute, une joie pour les aînés, promenant leurs regards sur cette table, de voir auprès d'eux tant de cadets distingués, à qui bientôt ils transmettront le flambeau. J'ai plaisir à remarquer que bon nombre de ces jeunes collègues, dont la bruyante gaîté nous enchante, sont des chercheurs de nos laboratoires universitaires ou de ceux de l'industrie. Et maintenant il faut que je pèche par indiscrétion. Un groupe d'industriels ont eu la délicate pensée de faire ce soir, de ces débutants dans la carrière, les hôtes de notre Société chimique. Qu'ils en soient remerciés. Le geste a vivement touché tous ces jeunes gens. Et j'ajoute, d'un autre point de vue, précieux à nos yeux, qu'il traduit, en outre, et sous une forme réellement originale et inédite, le désir de nos collègues industriels de voir la Société chimique de France toujours plus vivante et plus prospère, considérant qu'elle est la mère commune et le centre des différentes Sociétés de Chimie, qui sans elle leur apparaîtraient comme autant de corps sans âme.

Vivante, notre Société l'est manifestement. S'il est incontestable qu'en cet instant même elle en donne une éloquente impression, sa vitalité s'affirme, et plus encore peut-être, par l'intérêt et l'entrain de ses séances ordinaires, où l'affluence est toujours grande et où affluent aussi les communications, et par le nombre toujours croissant et la variété des travaux publiés dans son *Bulletin*. Mention toute spéciale est due à nos conférences, qui rencontrent partout — les échos nous en arrivent journellement — un réel et légitime succès. En donnant ces exposés de grandes questions, écrits par les savants les plus qualifiés et accompagnés d'une abondante documentation bibliographique, nous contribuons de la manière la plus directe et la plus efficace, en dehors de l'effort de bibliographie analytique générale que nous faisons par ailleurs, à faciliter dans tous les pays la tâche de l'investigation scientifique. Cette partie nouvelle et si heureuse de notre programme aura désormais toute notre sollicitude.

Le développement de notre *Bulletin* a été considérable au cours de ces dernières années. Aussi, malgré la subvention de l'État, le Conseil de la Société s'est-il vu dans l'obligation de vous proposer, encore une fois —

la seconde depuis la guerre — d'élever le taux de notre cotisation. L'augmentation, nous avons la satisfaction de le constater, a été accueillie partout sans protestation, chacun se rendant compte, sans qu'il soit besoin de faire beaucoup de comparaisons, que ce qu'il reçoit répond, et bien au delà, à ce qu'il débourse. Et, en fait, le nombre des membres de la Société, loin de diminuer, est en progression constante. Si cette marche ascendante continue, il est à prévoir que, dans un petit nombre d'années, la Société chimique de France et, par elle, toute la Chimie française, seront, on pourra le dire sans réserve, florissantes et fortes.

Il dépend de nous tous, dans une large mesure, que tel soit l'avenir. A chacun, pour ce qui le concerne, de faire de son mieux. Attachons-nous à produire dans nos laboratoires, sinon beaucoup de travaux — l'insuffisance du nombre de travailleurs nous l'interdit — du moins de bons travaux. Que la qualité supplée à la quantité ; par là nous resterons dans la tradition nationale. Et que non seulement le fond, mais aussi que la forme de nos mémoires ait tous nos soins. Ayons l'amour-propre de notre réputation d'ordre, de clarté, de simplicité. Gardons-nous de négliger le style, qui doit habiller avec élégance l'idée et lui donner tout son relief. Ah ! la forme des mémoires ! Les jeunes sont portés à la considérer comme superflue, sans utilité, ne valant pas l'effort qu'elle coûte. Ils se trompent, et ils méconnaissent autant leur propre intérêt que l'intérêt général de la Science. Tout d'abord, s'ils écrivent, c'est sans doute pour être lus, et le plus possible? Or, à moins que le lecteur, chose exceptionnelle, n'ait étudié tout spécialement la question traitée, il ne la connaît pas. Que l'on s'en pénètre donc bien en écrivant : le lecteur est ignorant; ayons la modestie de l'avouer, nous sommes tous ignorants. Par surcroît, confessons-le aussi, nous sommes paresseux : si le travail est pénible à lire, nous aurons la tentation de « passer au suivant », où nous trouverons peut-être plus d'attrait et une occasion de nous instruire avec moins de difficulté. L'auteur du mémoire aura généralement manqué son but.

En second lieu, est-ce qu'une bonne présentation du sujet n'exige pas qu'on opère avant tout le classement rationnel des idées pour dégager les grandes lignes? Et à qui n'est-il pas arrivé de découvrir ainsi de ces lacunes, souvent graves et jusque-là insoupçonnées, qui font surgir des aspects nouveaux du problème et suggèrent ainsi de nouvelles expériences, d'où sortent des résultats plus importants que ceux déjà acquis? On peut d'ailleurs être assuré que l'esprit ne perdra rien à l'effort de composition et de rédaction déployé : il y gagnera, au contraire, de l'élévation, de la finesse et de la pénétration. Et je ne parle pas de la satisfaction que l'on éprouve, outre l'intérêt propre du travail, à livrer au public une œuvre où l'équilibre de l'ensemble et le fini des détails sont un tout d'une parfaite harmonie Faut-il rappeler, à ce propos, que les plus illustres savants de tous les pays se sont attachés à ne publier que des mémoires littérairement et artistiquement irréprochables?

Et n'est-ce pas une véritable jouissance d'esthète que la lecture de Lavoisier, de Gay-Lussac, de Dumas, de Berthelot, pour ne parler que de quelques-uns de nos grands noms?

Et, au surplus, fond et forme ne sont-ils pas un peu solidaires? Si un mémoire est mal rédigé, si l'on y trouve des fautes ou seulement des négligences de style, est-il bien sûr que la confiance quant au fond, quant à la rigueur expérimentale, sera la même que s'il avait une belle tenue et était bien écrit? Je n'oserais, pour ma part, l'affirmer.

Et enfin, pour nous Français, n'y a-t-il pas notre belle langue, toute de clarté et de précision, de concision et d'élégance, que l'Univers nous envie comme un instrument sans rival pour l'expression de la pensée (et des sentiments) avec les plus subtiles nuances, qui est l'incarnation même du génie de la race, qui est peut-être notre force principale dans le Monde, et dont nous avons le devoir de respecter jalousement toutes les exigences?

Mais me voici entraîné fort loin de la Chimie, et dans une voie bien sévère pour prétendre à interrompre plus longtemps vos conversations, aussi animées qu'elles sont amicales. Je m'arrête, et je lève mon verre à nos savants collègues étrangers et à leurs patries, à la Fédération nationale des Associations de Chimie et aux différentes Sociétés qui la composent, à toutes nos industries chimiques. Mes chers amis, je bois à vous tous.

A PROPOS DES LABORATOIRES[1]

Monsieur le Directeur,

Dans deux articles publiés récemment par le *Figaro* (8 et 11 septembre), sous le titre : *La grande pitié des Laboratoires — Et les douze millions?... Les trente millions des laboratoires*, M. Georges Bourdon s'est fait l'avocat d'une cause patriotique et belle entre toutes. S'il faut lui savoir gré de ces pages éloquentes et substantielles, l'on regrette d'autant plus que, sous sa plume insuffisamment renseignée, se soient glissées quelques inexactitudes graves, qu'il importe de relever pour la sauvegarde de la justice autant que de la vérité. A défaut, d'ailleurs, d'autres considérations, la seule mémoire de Maurice Barrès, avec qui j'eus l'honneur de collaborer étroitement durant les cinq années de son apostolat scientifique, les dernières de sa trop courte vie, me ferait un devoir de vous prier de vouloir bien accueillir ces brèves et nécessaires observations.

En lisant M. Georges Bourdon, on a l'impression que c'est à la *Journée Pasteur* que le public fut saisi de la

1. Lettre au *Figaro*, 20 septembre 1924.

question des laboratoires. Assurément, ce fut une pensée fort opportune que de demander à la multitude des subsides pour la Science à l'instant même où l'on glorifiait un homme qui, par ses découvertes scientifiques, apparaissait à l'Univers comme le plus grand bienfaiteur de l'Humanité ; et il est incontestable que le 27 mai 1923 marquera dans l'histoire de la Science, moins cependant, sans nul doute, pour les sommes recueillies, considérablement inférieures à l'étendue des besoins, que parce qu'une semblable manifestation matérialisa avec un relief sans pareil, aux yeux de tous, l'idée que la recherche scientifique peut et doit conduire à l'amélioration indéfinie de la condition humaine. Mais le succès de cette journée ne doit-il rien aux efforts antérieurs ? Et des résultats essentiels, et gros, en outre, d'encouragements et de promesses, émanant des pouvoirs publics et des initiatives privées, n'avaient-ils pas été obtenus, qui ont échappé à M. Bourdon ?

Sans remonter jusqu'à l'avant-Guerre, où déjà le sénateur Goy insistait sur la pénurie des moyens de travail de nos savants, c'est dès le lendemain des hostilités qu'une active campagne fut entreprise. Bien qu'il eût fallu la Guerre pour que l'on s'avisât, comme le dit excellemment M. G. Bourdon, que « mathématiciens, physiciens, chimistes, biologistes, voire minéralogistes, etc., étaient autre chose que des dilettantes de la recherche théorique, et que tant d'obscurs travailleurs de la pensée étaient en réalité les ardents forgerons de la vie quotidienne », ne fallait-il pas le redire et l'affirmer avec force et autorité, sous peine de voir la leçon, si terrible qu'elle eût été, perdue pour jamais?

Un privilège de la France veut que des trésors de son intelligence et de son cœur surgisse le plus souvent, à l'heure voulue, l'homme souhaité et attendu. C'est un « prince des Lettres » qui parla pour la Science. Et nul ne pouvait mieux la servir.

Toujours à l'affût des grands devoirs nationaux, Maurice Barrès, ayant discerné de bonne heure, parmi les causes déterminantes de la victoire, le rôle de la Science, sans lequel l'héroïsme de nos troupes et le génie de leurs chefs eussent été stériles, vit clairement que la Science devait être maintenant un facteur primordial du relèvement économique et de la sécurité de la Nation. Organiser méthodiquement et solidement la recherche scientifique, d'où découlent, en dernière analyse, tous les progrès de l'Agriculture, de l'Industrie, de la Médecine, de l'Hygiène, telle était la tâche fondamentale qu'il fallait aborder sans retard.

Avant de tenter la moindre action au Parlement, ce parlementaire avisé, conscient de son ascendant personnel sur cette force irrésistible qu'est l'opinion publique dans un pays de libre démocratie, s'adressa à l'opinion publique. Et c'est ainsi que Barrès entreprit, au début de l'année 1919, une admirable campagne de presse, qui remua profondément les masses populaires et émut les pouvoirs publics, sur ce qu'il appela « la grande pitié des Laboratoires de France ». Ses articles de *l'Écho de Paris* et du *Matin*, ses études de la *Revue des Deux-Mondes* et de la *Revue Universelle*, furent lus avec passion par un public jusque-là ignorant de toutes ces choses pourtant d'un si haut intérêt.

Pour couronner cette première étape, il traita l'ensemble de la doctrine dans un exposé fameux, devant la Chambre des députés, le 11 juin 1920. On ne saurait exagérer l'importance de ce discours, qui restera, sans contredit, l'un des plus élevés et des plus utiles qu'une assemblée politique ait jamais entendus. Tous les aspects du grand problème : le rôle de la Science dans la Guerre et dans la Paix, y furent envisagés, et avec quelle hauteur de pensées et de vues, quelle puissance d'argumentation ! L'effet qu'il produisit fut considérable. Chacun se sentait transporté dans les régions sereines de l'idéal, idéal de la Patrie et idéal de l'Humanité. La cause des Sciences, plaidée si magnifiquement, par un représentant des Lettres aussi illustre, était virtuellement gagnée. Barrès, encore une fois, venait de servir !

Un des résultats pratiques de cette mémorable intervention fut la décision de subventionner immédiatement la Confédération des Sociétés scientifiques, dont les divers *Bulletins*, par suite des nombreux vides que la Guerre avait faits dans tous les rangs, et aussi comme conséquence de l'excessif renchérissement du coût de toutes choses, cessaient de paraître ou se réduisaient à des proportions douloureusement infimes, absolument insuffisantes pour la vie scientifique. Et il était grand temps : les Sociétés scientifiques se mouraient, et, le découragement pénétrant dans nos milieux, d'habitude enclins à l'optimisme, il apparut que c'est la Science elle-même qui se trouvait en danger de mort.

La seule promesse de la mesure qui devait sauver la pensée scientifique française suffit à ranimer aussitôt les esprits : rien n'était perdu. Et quel bonheur fut le nôtre de voir, à partir de ce jour, la Chambre et le Sénat, en accord avec nos ministres et notre Commission des finances, faire assaut de bonne volonté et de zèle, en dépit de la détresse budgétaire, pour doter nos Sociétés scientifiques et aussi, bien entendu, nos laboratoires, des crédits *indispensables*, en attendant mieux, à la continuation du travail scientifique.

C'est une grande date pour la Science française, et l'on peut hardiment l'ajouter, c'est une grande date dans l'histoire des causes profondes de l'évolution de notre pays, que l'avènement de cet état d'esprit nouveau ; et l'on ne louera jamais assez, de ce point de vue, la clairvoyance du Parlement issu des élections de 1919. En proclamant l'intérêt supérieur de la Science ; en affirmant, par des actes, qu'en dehors d'une forte armature scientifique il n'y a pour la Nation ni prospérité ni sécurité possibles ; bref, en appliquant résolument ce principe qu'il est des économies ruineuses, comme le seraient celles que le semeur réaliserait sur la semence, il a rendu à la France un service dont la portée est incalculable.

Et combien n'est-il pas réconfortant de se rappeler que tous les partis politiques, de l'extrême droite à l'extrême gauche, communièrent dans la Science! Aussi trouvera-t-on fâcheux que la documentation de M. Bourdon ait été à ce point défectueuse qu'il ait pu écrire « qu'aucun de nos politiciens, qui se donnent si complaisamment de l'homme d'État, ne se disculpera de la honte d'avoir laissé tomber à une telle décrépitude l'outillage scientifique de ce grand pays de lumière qu'est la France? »

Que nos « politiciens » aient trop souvent la « hantise électorale », on ne peut que le déplorer. Mais la Science est de ces domaines où nous comptons bien que se réalisera toujours « l'Union sacrée ». Et il le faut, à tout prix. Le but, certes, n'est pas atteint. Nos bulletins, image fidèle de nos Sociétés scientifiques, et nos laboratoires, ne rivalisent encore que de loin avec ceux que l'Allemagne vaincue, sans parler des pays anglo-saxons, conserve et développe si jalousement. Et, surtout, un grand souci nous reste : nos Sociétés scientifiques et nos laboratoires, comment les peuplerons-nous? Pour que l'élan ne s'arrête point, pour que nous reprenions entièrement confiance, il faut que nous soyons assurés de pouvoir transmettre à une génération nouvelle, avec le flambeau confié à nos mains, l'ardeur qui nous anime. Recruter et former de jeunes chercheurs est le plus impérieux besoin de l'heure présente. Plus que tout autre, ce point capital préoccupe à juste titre M. Bourdon. Qu'il soit remercié comme il le mérite d'en avoir fait l'objet d'un vigoureux plaidoyer.

Nous demanderons à l'État de nouveaux sacrifices, et

il les consentira. Mais l'État, dans la situation critique de ses finances, est impuissant à tout faire, et c'est d'ailleurs que doit venir le supplément de crédit indispensable. Et le voici qui vient, ce supplément, aux appels réitérés des amis des Sciences, sous la forme de fondations, de dons, de legs : en 1921, fondation Edmond de Rothschild pour le développement de la recherche scientifique (dix millions) ; en 1922, don à l'œuvre des Bulletins scientifiques, par M. Henri Bernstein, du produit du gala de *Judith* (soixante mille francs); en 1923, don par « Criqui » de sa part de revenu d'un match de boxe (cent mille francs); en 1923, legs de la marquise Arconati-Visconti à la Sorbonne (douze millions); en 1924, legs de Paul Pousson à la Faculté de pharmacie de Paris (toute sa fortune, quelques centaines de milliers de francs); en 1924, fondation Léonard Rosenthal pour l'avancement des Sciences (un million), etc.

Mais, de même que la condition du progrès scientifique doit être la continuité, de même l'effort, pour être réellement efficace, doit être continu. Telle sera la tâche du *Comité national pour l'aide à la recherche scientifique.* Créé voici trois ans, avec le double caractère d'institution privée et d'organisme permanent, il groupe, sous la présidence de M. Paul Appell, recteur de l'Université de Paris, membre de l'Institut, des hommes de toutes les opinions, sans distinction de parti, et de toutes les confessions, dont la commune préoccupation est l'avenir intellectuel de la Nation, sa prospérité et sa sécurité.

Pour recevoir toutes sommes, nulle caisse ne semble

mieux appropriée que celle de ce grand Comité. Et l'on peut avoir confiance que, par ses commissions d'études et ses commissions consultatives, il fera la répartition des fonds de la manière la plus équitable et la plus utile.

Le mouvement scientifique doit être général et s'étendre à toute la Nation, Et ce n'est pas seulement au public, c'est aux agriculteurs, — je suis heureux de citer ici M. Georges Bourdon — « c'est aux industriels, aux commerçants, à leurs syndicats, à leurs chambres professionnelles, qu'il faut demander la vie de la Science ». Les premiers à profiter des bienfaits de la recherche scientifique, ils ne sauraient être les derniers, ne fût-ce que dans leur propre intérêt, à la favoriser. C'est, au même titre, un devoir, pour les établissements de crédit, de subventionner la Science. Il faut aussi qu'une taxe spéciale soit prélevée pour la Science sur les recettes des salles de spectacle et des établissements de jeu. Mieux encore, il faut que les départements et les communes de France (il en est qui sont déjà entrés dans cette voie) inscrivent dans leur budget annuel un crédit pour les laboratoires scientifiques. Si des lois spéciales sont nécessaires, qu'on les fasse! Il s'agit de prévenir, de toute urgence, un déclin de la pensée française et de son rayonnement dans le Monde.

Quelques mots, pour terminer, sur les réflexions inspirées à M. Bourdon par les conditions de répartition des fonds Pasteur. M. Bourdon n'a que trop raison de regretter que les millions recueillis n'aient pas encore, après plus de quinze mois, reçu leur destination. La commission — je crois savoir que, contrairement à ce que suppose M. Bourdon, les donateurs y sont représentés — est visiblement embarrassée par l'afflux d'innombrables demandes, d'un total vingt fois trop élevé, et formulées, d'ailleurs, en vue de réalisations les plus diverses, les unes ne visant que la crise du personnel, d'autres celle du matériel, d'autres la création de services spéciaux, etc... Il eût peut-être été sage de donner à l'avance quelques idées directrices. Toutefois, la commission reste libre de ses décisions. Qu'elle se garde bien, vu la modicité des crédits dont elle dispose, d'en faire de la poussière, dont les grains ne pourraient aller qu'à des besoins secondaires, et qu'elle s'en tienne à des affectations d'intérêt essentiel. Et, surtout, qu'elle en finisse vite. M. Bourdon, qui voit le public se demander si son sacrifice était vraiment nécessaire, et qui va jusqu'à parler du « fâcheux précédent de la Journée Pasteur », n'est pas le seul à éprouver des craintes pour tout ce grand retard. La Journée Pasteur n'est qu'un « épisode » de la campagne. Nous sommes très loin des trente millions dont il faut annuellement doter la recherche scientifique pour qu'elle puisse remplir toute sa mission. J'ai le ferme espoir que nous réussirons. Et de bons articles comme celui de M. Georges Bourdon y aideront puissamment.

Veuillez agréer, Monsieur le Directeur, l'assurance de ma haute considération.

AUX OBSÈQUES

DE

ALBIN HALLER [1]

Madame,

Mesdames et Messieurs,

La Science française perd en M. Albin Haller une personnalité de premier plan. Par ses découvertes, par son enseignement, par ses écrits, par ses fonctions administratives, par son action sur les milieux universitaires et industriels, par son influence dans les sphères officielles, par toutes ses initiatives, il a puissamment contribué aux progrès de la Chimie et de ses applications, au bien-être général et aux grands intérêts de la Nation.

L'étude du camphre, qu'il aborda il y a près de soixante ans, apparaît comme l'axe de toutes ses recherches expérimentales. Malgré les travaux de maîtres célèbres, les Liebig, les Dumas, les Berthelot, les Kekule, le problème de la constitution chimique de cet important produit naturel et, partant, de sa véritable fonction, restait à résoudre. Ayant obtenu le camphre cyané, il en prépara toute une série de dérivés, dont deux, l'acide camphocarbonique et l'acide homocamphorique, permet-

---

1. Discours prononcé aux funérailles de l'illustre chimiste, au nom de l'Académie des Sciences, le 2 mai 1925.

taient de régénérer le camphre. Travail fondamental, qui eut pour résultat, après que Haller eut réussi à passer de l'acide camphorique à l'acide homocamphorique, de ramener la synthèse du camphre à celle plus simple de l'acide camphorique.

Une autre série, de même origine, fut réalisée en condensant les aldéhydes et cétones aromatiques avec le camphre sodé. Les multiples substances ainsi mises au jour se sont prêtées à tout un ensemble de réactions, et elles ont notamment fourni, par réduction, des alcoyl-camphres.

En dehors du camphre ordinaire, Haller fut naturellement amené à s'occuper aussi des différentes variétés de camphre, ainsi que des alcools qui en dérivent, les bornéols, et à élucider leurs relations d'isomérie. Il montra que tous les camphres, naturels ou artificiels, sont chimiquement identiques et ne diffèrent que par leur pouvoir rotatoire. Il prouva qu'il en était de même des bornéols, et il émit l'opinion, aujourd'hui classique, que les isobornéols doivent être des isomères stéréochimiques des bornéols ordinaires.

L'étude de certains dérivés cyanés de la série grasse et de la série aromatique conduisit Haller à la découverte des acides méthéniques et méthiniques, dont les propriétés, pour lors bien imprévues, lui permirent de formuler ce principe que l'accumulation de radicaux négatifs dans la molécule de méthane confère aux dérivés ainsi formés une fonction nettement acide, mais n'ayant rien autre de commun avec celle des acides carboxylés.

C'est au cours de ses travaux, dont la portée théorique était manifeste, que Haller réalisa, en collaboration avec Held, une nouvelle synthèse de l'acide citrique.

Une méthode générale de synthèse d'une grande fécondité fut découverte par Haller il y a une vingtaine d'années. Il montra qu'on peut, en mettant en œuvre l'amidure de sodium, former aisément des composés sodés où le métal alcalin est remplaçable par les radicaux les plus divers. Il put ainsi effectuer d'abord, avec Martine, la synthèse de la menthone et du menthol, et préparer dans la suite, avec Bauer et une longue série d'autres élèves, de nombreuses polyalcoylcétones, grasses ou aromatiques, molécules arborescentes qui, de nos jours, servent couramment de matières premières pour des recherches dans toutes les branches de la Chimie organique.

On doit à Haller la découverte de l'alcoolyse, réaction suivant laquelle les alcools, à la façon de l'eau, dédoublent, en présence d'un peu d'acide minéral, certaines molécules, comme celles des corps gras, qui donnent ainsi de la glycérine et des éthers-sels.

Rappelons encore, entre autres études, la synthèse des acides térébique et pyrotérébique (en collaboration avec Blanc), de longues recherches sur les dérivés de l'anthraquinone et des phtaléines, une synthèse du vert phtalique (avec Guyot), l'étude des chaleurs de neutralisation de certains pseudo-acides méthéniques (avec Guntz), celle des propriétés optiques d'un grand nombre de dérivés de corps actifs (avec Muller).

Comme il était naturel, de bonne heure l'originalité des travaux de Haller l'avait signalé à l'attention des corps savants. En 1891, alors qu'il était professeur à la Faculté des Sciences de Nancy, après l'avoir été aussi à l'Ecole Supérieure de Pharmacie de la même ville, il fut élu correspondant de l'Académie des Sciences et de l'Académie de Médecine. Et, dix ans plus tard, peu après sa nomination, à la mort de Friedel, comme professeur de Chimie organique à la Sorbonne, il devenait membre titulaire de notre Compagnie. Naguère l'unanimité de nos suffrages le portait à la présidence de l'Académie, et nous ne nous attarderons pas à rappeler avec quelle autorité, quelle distinction et quel dévouement il s'acquitta de cette lourde et importante fonction.

Il est superflu d'ajouter que toutes les grandes Académies d'Europe avaient tenu à honneur de s'associer notre illustre confrère.

L'homme de laboratoire, chez Haller, fut toujours doublé de l'homme d'action. Il se fit l'apôtre d'une cause patriotique et belle entre toutes, l'union étroite de la Science et de l'Industrie, la collaboration incessante du laboratoire et de l'usine. Il s'y adonna de toute la force de sa conviction, basée sur une parfaite connaissance des succès prodigieux de l'organisation allemande, ainsi qu'avec toute l'ardeur combative de son tempérament d'alsacien. Grâce à son autorité, à sa volonté opiniâtre, à l'éloquence persuasive qu'il déploya dans ses discours, ses conférences, ses rapports, ses démarches de toutes sortes, il réussit à obtenir des pouvoirs publics et des industriels les fonds nécessaires pour la création à Nancy, d'abord, en 1889, d'un vaste Institut chimique, où parallèlement à celui de la Chimie pure fut immédiatement donné un enseignement pratique de Chimie appliquée, et, plus tard, d'un Institut de Chimie-Physique et d'Électrochimie. L'un et l'autre devinrent rapidement prospères. C'était la première réalisation de la décentralisation scientifique, que souhaitaient les esprits clairvoyants. Aujourd'hui, des Instituts similaires forment des ingénieurs de divers ordres, chimistes, électriciens, métallurgistes, dans nos principales Universités.

Quelques années après qu'il eut été appelé à Paris, Haller vit s'offrir à lui une nouvelle et heureuse occasion de travailler encore au développement de l'Industrie par la Science. On lui proposa et il accepta la direction de l'École Municipale de Physique et de Chimie industrielles de la Ville de Paris, et l'on connaît l'essor décisif, justifiant pleinement les sacrifices consentis par la Ville-Lumière, qu'a pris cet établissement modèle sous sa très éclairée et vigoureuse impulsion.

Dirons-nous ce que fut Haller pour la Société Chimique de France? Voyant en elle l'image même de la Chimie française, il la voulait toujours plus grande et plus forte, et peu de chimistes eurent à un égal degré le souci de sa vitalité et de son avenir. Il y a communiqué la plupart de ses travaux, lesquels, avec ceux de ses élèves, constituent dans notre Bulletin un ensemble imposant de documents précieux. Que ce fût comme président, comme membre du Conseil, ou comme simple membre de la Société, sa sollicitude était toujours en éveil. Et il sut lui attirer des mécènes dans quelques moments difficiles, comme, hélas! nous en connaissons toujours.

Dirons-nous, enfin, le rôle joué par Haller dans les conseils du Gouvernement, et, plus particulièrement, à ce poste, effroyable de responsabilités, où il succéda à Berthelot, de président de la commission des substances explosives, pendant comme avant ou après la terrible tourmente? Ce domaine de son activité, où il s'est acquis des titres exceptionnels à la reconnaissance publique, ne saurait être ici même esquissé. Bornons-nous à marquer que Haller, alsacien de cœur autant que de naissance, était par là même « deux fois Français ». La Guerre, il l'avait prévue, et de loin, et il ressentait une véritable angoisse devant l'imprévoyance et la quiétude générales. La bataille venue, il s'y jeta avec toute sa fougue. S'il devait y être cruellement éprouvé, du moins il eut la consolation suprême : la joie de la victoire, de sa chère Alsace redevenue terre française.

Messieurs, l'homme que nous conduisons à sa dernière demeure nous offre un exemple magnifique de ce que peuvent une énergie persévérante et un haut sentiment du devoir alliés à une intelligence d'élite et un cœur généreux. Fils de modestes artisans, l'aîné de onze enfants, apprenti ébéniste à seize ans, ayant rencontré, encore adolescent, le « bon génie » qu'il méritait, devenu plus tard membre d'une famille illustre[1],

---

1. Famille Poincaré.

ayant à son tour créé un grand nom, la carrière d'Albin Haller a été, par les chemins rudes et tortueux de la vérité scientifique au service du bien public, une ascension continue de plus d'un demi-siècle. « Pour la Patrie, par la Science », telle pourrait avoir été sa devise. Il meurt chargé d'honneurs, entouré du respect, de la gratitude, de l'affection, de l'admiration de ses concitoyens, et après avoir porté par ses travaux, dans les contrées les plus lointaines, le renom de la Science française. Il n'est plus, mais son œuvre reste ! Il n'est plus, mais son souvenir — que la douleur de ses proches, avec l'hommage ému de notre profonde sympathie, en reçoive ici l'assurance — son souvenir vivra !

LE SENTIMENT RELIGIEUX ET LA SCIENCE[1]

Monsieur et Cher Confrère,

Pour répondre à la question — « la plus haute, la plus grave » — que vous m'avez fait l'honneur de me poser, je suis descendu, en toute simplicité, dans mon for intérieur, passé et présent, et voici ce que j'y ai trouvé.

Que la Science soit opposée au sentiment religieux, je l'ai peut-être (je n'en suis pas bien sûr) cru jadis, aux temps de ma jeunesse. J'avais reçu au collège une éducation religieuse rigoriste, provoquant dans certaines consciences des scrupules dont ma vive sensibilité eut longtemps à souffrir. Par la suite, la vie de famille et les réalités de l'existence m'apportèrent le dérivatif nécessaire. Mais je gardai de cette épreuve une amertume qui m'éloigna de la Religion. C'est dans cet état d'esprit que j'abordai les études scientifiques.

Avide de savoir, je fus, dès les premiers contacts, émerveillé et comme subjugué, et je me jetai avec en-

---

1. Lettre adressée à M. Robert de Flers, de l'Académie française, directeur littéraire du *Figaro* (*Le Figaro*, 7 mars 1926).

thousiasme dans les bras de la Science. En peu d'années j'acquis une copieuse érudition. Et bientôt, grisé par ses conquêtes, je ne fus pas loin de penser que la Science était capable de résoudre tous les problèmes, que rien, ni l'essence de la vie, ni le principe et la fin des choses, n'échapperait à son étreinte. J'étais peut-être alors un « matérialiste », considérant que la Divinité, l'immortalité de l'âme, sont des conceptions à l'usage des « simples d'esprit » et dont doivent s'affranchir les esprits vraiment « libres ».

Je possédais certainement des connaissances étendues, mais je savais mal, parce que je n'avais pas digéré, parce que je n'avais pas encore réfléchi. Plus tard, je fus contraint, par les nécessités de la recherche personnelle, à approfondir les questions. J'appris ainsi, par l'effort déployé vers l'inconnu, que les choses étaient beaucoup plus compliquées qu'elles n'étaient apparues à la naïveté de mes vingt-cinq ans. Et je me sentis peu à peu pénétré par des impressions nouvelles, le sentiment du beau dans le vrai, mais aussi le sentiment du mystère insondable de la matière et de la force, de l'origine de la sensation et de la pensée. Débordant le cadre forcément restreint où l'on évolue quand on interroge soi-même la Nature par l'expérimentation, je fus conduit à méditer sur l'Univers et la connaissance que nous en avions. Et je vis que plus nous apprenions, plus reculait l'horizon de l'inconnu, et, par contraste, plus étroit apparaissait le champ de nos acquisitions positives.

De tous côtés je trouvais devant moi l'Infini. Aussi

bien quand je m'élançais vers le « silence » de ces effroyables « espaces » où se meuvent d'innombrables soleils, et qui faisaient dire à Pascal que le Monde est « une sphère infinie dont le centre est partout, la circonférence nulle part », que lorsque je me penchais sur l'infiniment petit, sur l'atome, lui-même tout un système cosmogonique dans son inimaginable mais réelle ténuité, source de toute énergie, d'où émanent chaleur, lumière, électricité, magnétisme, qui remplissent l'Univers de leurs manifestations infinies.

L'Infini! Dans cet Univers, où tout est solidaire de tout, où tout s'enchaîne, où tout se tient, au bout de tout, l'Infini! Quel ensemble grandiose, sublime! Imaginez, si l'impossible vous tente, un plus majestueux spectacle de beauté plus sereine et plus haute, une source plus pure de jouissances plus délicates et plus nobles! Contemplez, admirez! Etudiez, observez, scrutez, comptez, pesez, comparez, concevez, rêvez, ayez toutes les fantaisies, ayez toutes les audaces. Et, la raison dépassée, impuissant, vaincu, écrasé, ému, défendez-vous, si vous le pouvez, d'un sentiment d'humilité devant l'énigme prodigieuse, dont la grandeur vous fascine et vous confond. Et, si vous ne le pouvez pas, avouez alors l'irrésistible besoin d'une conclusion, et, obéissant aux aspirations profondes de votre âme inquiète, dites-nous si l'idée ne vous apparaît pas de quelque Être tout-puissant et parfait, de quelque *Surêtre*, auteur et législateur de l'Univers physique comme du Monde moral.

Vous venez d'entrevoir Dieu, mais c'est après vous

être évadé du domaine accessible à l'investigation scientifique où règne l'intelligence ; vous arrivez dans le domaine du sentiment, vous êtes au seuil de la Religion : La Science positive est loin derrière vous.

Telle a été, du point de vue du grand problème, l'évolution de ma pensée. D'abord, Science et Religion me semblèrent peut-être choses qui s'excluent. Puis, à mesure que j'avançais dans la connaissance, et que de ce fait je devenais un « savant » plus « ignorant », l'opposition s'estompait, et, depuis longtemps, elle n'est plus qu'un souvenir.

Je vois donc deux domaines bien distincts :

La Science, qui a pour objet l'étude et l'asservissement des forces naturelles, est fille de l'observation raisonnée. C'est le raisonnement qui fait la Science, encore que d'autres facultés, ne l'oublions pas, comme l'imagination, la sensibilité, jouent parfois un rôle de premier plan. La Science cherche des lois simples et générales, et son idéal serait une loi universelle qui les comprendrait toutes.

La Religion, telle que je me la représente, tend à satisfaire les « besoins du cœur », à poétiser et ennoblir la vie. A l'inverse de la Science, c'est donc surtout du sentiment qu'elle procède. Basée sur certaines croyances, elle apporte, à qui les accepte, une réponse à la « suprême question » que la Science ne résoud pas.

Je m'excuse, mon cher confrère, de m'être ainsi raconté moi-même, et sans doute trop longuement, et je vous prie de vouloir bien agréer l'assurance de ma haute considération et de mes sentiments très dévoués.

IL FAUT AIDER L'INDUSTRIE
NATIONALE DE L'AZOTE[1]

Il nous faut encore parler d'elle, de cette question déjà vieille de dix ans, qui nous reporte aux plus sombres jours de l'année 1917.

C'était l'époque de la guerre sous-marine à outrance. Les chargements de nitrates du Chili étaient coulés les uns après les autres, et les stocks d'azote de nos poudreries s'épuisaient avec une rapidité inquiétante. Or, sans azote, plus de poudre, plus d'explosifs, plus de munitions, plus de lutte possible. On juge avec quelle anxiété les initiés suivaient la marche des bateaux nitratiers chargés de nous ravitailler. A certain jour, le stock d'azote ne permettait plus que quarante-huit heures de fabrication. Nous en sommes sortis, mais nous avions frisé de bien près la catastrophe !

La leçon n'a pas été perdue.

Il était démontré qu'un pays, pour vivre librement, doit trouver de l'azote sur son sol et ne pas rester tributaire de l'étranger. Il fallait donc, coûte que coûte, implanter en France une forte industrie d'azote synthétique, à l'exemple de l'Allemagne, puisque nous n'avons pas de gisement de nitrates naturels.

Cette vérité a été proclamée partout, dans la presse,

1. *Le Journal*, 10 juillet 1927.

au Parlement, dans les milieux scientifiques et industriels, si bien que de tous côtés on se mit à l'œuvre : nos savants dans leurs laboratoires, nos industriels (M. Georges Claude en tête) dans leurs usines, l'Etat dans ses poudreries. Ce dernier acquit le procédé de la Badische et obtint du Parlement les millions nécessaires pour édifier une importante usine à Toulouse. Ce fut une émulation générale.

Aujourd'hui on récolte les fruits de ces années d'efforts, tenaces et persévérants. Sans compter l'usine d'Etat de Toulouse, treize usines privées, réparties sur l'ensemble du territoire, fabriquent de l'ammoniaque synthétique. La production actuelle (Toulouse non compris) atteint huit mille tonnes de sulfate d'ammoniaque par mois, soit près de cent mille tonnes par an, et elle s'accroît chaque jour. Des extensions sont en cours de réalisation, de nouvelles usines sont projetées, et l'on peut compter que, dans un an, l'ensemble de nos ressources nationales, au total (sulfate synthétique et sulfate non synthétique), atteindra cinq cent mille tonnes par an.

A cette production vient s'ajouter celle de cinq usines de cyanamide, qui fournissent plus de cinquante mille tonnes par an.

Avec de tels chiffres de production nous aurons notre indépendance nécessaire en azote pour le temps de paix, et, si nous y étions contraints, pour le temps de guerre.

Une pareille réalisation nous fait grand honneur : elle nous libère de l'emprise que d'aucuns auraient pu et pourraient encore souhaiter.

Tel pays, grand producteur d'azote, fier de ses immenses usines complètement amorties, fort du bas prix de ses combustibles, houille et lignite, qui sont des matières premières de l'azote synthétique, ne pensait pas que nous aurions l'audace de créer, dans des conditions moins favorables que les siennes, une semblable industrie.

Aujourd'hui, il faut se rendre à l'évidence : l'industrie de l'azote existe en France et elle se développe rapidement. Est-ce le moment, grâce à certaines négligences, de l'exposer à l'anéantissement ?

J'ai pu recueillir ces jours derniers les impressions de quelques producteurs.

« Nous avons, m'ont-ils dit, répondu à l'appel de notre pays. Aucun effort n'a été ménagé. Nous pouvons nous enorgueillir légitimement des résultats obtenus. Nous sommes décidés à tenir jusqu'au bout, à condition toutefois qu'on nous y aide. »

Ils ont pleinement raison.

*
* *

Nous avons voulu une industrie nationale de l'azote, nous l'avons créée de toutes pièces. Je ne puis pas croire que nous la laissions mourir, à peine née, au risque de revivre un jour les heures tragiques de 1917.

Et c'est avec confiance que je jette aujourd'hui le cri d'alarme !

TOAST A LA POLOGNE[1]

Monsieur le Président,
Mesdames et Messieurs,

Nous sommes ce soir les invités de l'Académie des Sciences de Cracovie, et c'est par des représentants de cette célèbre Compagnie, auxquels se sont joints des représentants de la Société chimique de Pologne, que la Chimie polonaise a adhéré à l'Union internationale de la Chimie pure et appliquée. Aussi est-ce avec empressement que j'ai accepté l'honneur d'interpréter ici les impressions et les sentiments des membres de la Conférence. Et je me hâte de compléter ma pensée en ajoutant que c'est aussi avec joie.

Nous sommes profondément remués par tout ce que nous avons constaté durant ces derniers jours. Et ici je n'ai point dans l'esprit le côté matériel des choses, je n'ai point dans l'esprit l'activité économique du pays, ni ses immenses étendues de champs cultivés, ni ses usines, ni

---

1. Toast prononcé à Cracovie, le 11 septembre 1927, au banquet offert par l'Académie des Sciences de cette ville aux membres de la VIIIe Conférence de l'Union internationale de la Chimie pure et appliquée.

même ses laboratoires : je veux parler de nos observations d'ordre moral.

Il est surabondamment prouvé désormais qu'il est plus facile de dévaster des territoires, d'écarteler un pays, d'opprimer un peuple, que de détruire l'âme d'une race. Si, après une longue et douloureuse éclipse, la nation polonaise vient de réapparaître à la lumière plus vivante que jamais, c'est qu'à travers tous ses malheurs et toutes ses tristesses, à travers toutes les vicissitudes de sa glorieuse histoire, l'âme polonaise a subsisté intacte. Pour employer la forte expression d'un jeune et brillant collègue italien, « on ne dompte pas une âme nationale ».

La Pologne, à peine son unité reconstituée, à peine ressuscitée, a tenu à affirmer sa personnalité dans tous les domaines. Il nous est à ce propos particulièrement agréable, à nous membres de l'Union internationale de la Chimie, de nous reporter à quelques années en arrière, à la naissance même de notre Union. La Pologne, encore toute fraîche émoulue de sa renaissance inespérée, miraculeuse, encore que grandement méritée par tous ses sacrifices et toutes ses souffrances, fut une des nations qui répondirent immédiatement à notre appel. Et même, à l'issue de la première Conférence, tenue à Rome en 1920, nous avions décidé, sur l'insistance de nos amis, que la deuxième Conférence se tiendrait l'année suivante à Varsovie. Il faut avouer que nous nous étions de part et d'autre trop pressés. La situation encore troublée de la Pologne nous engagea à renoncer momentanément à tenir nos assises à Varsovie. Mais nos collègues polonais, j'ai le devoir agréable de vous le rappeler, n'ont jamais cessé de participer activement à nos travaux, et chaque année ils ont renouvelé leur invitation. Combien nous avons été heureux de pouvoir enfin l'accepter!

MESSIEURS,

Que l'esprit de la Pologne, que l'âme polonaise soit toujours debout, quelle preuve plus frappante, plus éloquente, pourrions-nous concevoir que celle que nous offre l'antique et noble cité dont nous sommes aujourd'hui les hôtes reconnaissants et tout émus! Peut-être ne s'éloigne-t-on pas beaucoup de la réalité quand on dit, en un langage un peu schématique, que si Varsovie est la capitale politique et économique de la Pologne, Cracovie est surtout une capitale universitaire. Oui, c'est vraiment ici, à Cracovie, qu'on découvre toute l'âme polonaise. Cracovie nous apparaît comme une citadelle spirituelle de la vieille Pologne, avec sa vaillante population toute imprégnée d'un fond de mysticisme religieux, avec ses coutumes, ses traditions, ses légendes, ses monuments, ses musées, ses souvenirs historiques, ses institutions, ses grands hommes enfin. N'est-ce pas à Cracovie que s'immortalisa Copernic? Pour en venir tout de suite à la Science que nous cultivons et pour nous limiter à un passé récent, n'est-ce pas à Cracovie qu'Olzewski, dans ces appareils d'une géniale originalité qu'il nous a été donné d'admirer ce matin, et Wroblewski, liquéfièrent, il y a quelque quarante années, les gaz dits permanents, résolvant ainsi l'un des problèmes, les plus importants qui se posaient alors sur les propriétés générales de la Matière? Et n'est-ce pas encore — je suis fier de me souvenir que j'eus l'honneur d'être en relations amicales avec cet illustre chimiste, — n'est-ce pas un polonais, Kostanecki, longtemps professeur à Berne, qui effectua, dans une magnifique série de travaux que nous venons également de commémorer, les difficiles synthèses d'un grand nombre de colorants végétaux de structure infiniment délicate?

Et si je me permettais de parler des vivants, ne me suffirait-il pas de promener mon regard sur la table de ce superbe banquet pour y apercevoir bien des savants réputés de l'Université de Cracovie comme aussi des autres Universités polonaises?

Monsieur le Président, c'est le cœur empli d'émotion que je lève mon verre en votre honneur, à la gloire de l'Académie des Sciences de Cracovie, à tous nos collègues polonais, à la Patrie polonaise.

Messieurs, je bois à la Pologne.

MAURICE BARRÈS ET LA HAUTE CULTURE [1]

Monsieur le Président,
Monsieur le Maréchal,
Madame, Mesdames et Messieurs,

La Science apporte son hommage à Maurice Barrès. Beaucoup s'étonneront de la place qui lui est faite dans cette cérémonie, car ils sont toujours nombreux ceux qui, ne connaissant de Barrès que ses œuvres proprement littéraires, ne soupçonnent pas ce que furent ses préoccupations scientifiques. Et pourtant, s'il est manifeste qu'il a jeté sur les Lettres françaises le plus vif éclat, c'est aussi un fait indéniable qu'en défendant avec sa grande autorité, dans les dernières années de sa vie, la Haute Culture, compromise par le cataclysme mondial, il a rendu à son pays un service dont la portée est considérable.

Servir ! Au-dessus de tout Barrès plaça la joie et l'honneur de servir. La Patrie, sa force, son prestige,

---

1. Discours prononcé, au nom de l'Académie des Sciences et de la Confédération des Sociétés scientifiques, le 23 septembre 1928, sur la colline de Sion-Vaudémont, à la cérémonie d'inauguration, présidée par M. Raymond Poincaré, du monument élevé à la mémoire de Maurice Barrès, en présence de M. le Maréchal Lyautey, président du Comité, de la famille Barrès et d'un grand nombre de personnalités littéraires et politiques.

son avenir, ce perpétuel souci domina tous ses travaux d'écrivain et de parlementaire. Après nous avoir, dans les années d'avant-guerre, donné sur les marches de l'Est des pages inoubliables, il fut, durant la tourmente, un apôtre fervent de l'énergie nationale, et, quand se tut la voix du canon, un auxiliaire précieux, par malheur trop peu écouté, de nos hommes d'État, pour la préparation du Traité de Paix. Et, à présent, c'était un aspect nouveau du devoir que découvrait Barrès.

La France venait « d'émerger triomphate de la fournaise », après une épreuve sans égale dans tout son passé. Mais elle était épuisée, ruinée, toute désemparée. Une existence nouvelle commençait pour elle, et il fallait que les bases, pour être durables, en fussent solides.

Parmi les causes déterminantes de la victoire, Barrès discerna clairement le rôle de la Science, sans lequel l'héroïsme de nos troupes et le génie de leurs chefs eussent été stériles. Et il lui apparut de même que la Science devait être maintenant un facteur primordial du relèvement économique et de la sécurité de la Nation.

Ce programme, si éloigné qu'il fût des champs d'activité d'un homme de lettres, allait désormais s'imposer avec force à la vigilance éclairée de Barrès. Il se documentera, il écrira et parlera. S'élevant sur les cimes pour mieux voir l'ensemble, il fut logiquement conduit à envisager le problème dans toute son étendue : la reconstitution intellectuelle de la France, indispensable à l'exercice de son génie, pour son bien propre et pour le bien de l'Humanité.

Le Monde attendait beaucoup de la France, pour qui elle était la « Nation-drapeau ». Il fallait faire que nos morts eussent été une « prodigieuse semence ». Nous devions donc songer d'urgence à la reprise de la vie intellectuelle. Mais dans quelle proportion, hélas ! l'intelligence française n'avait-elle pas souffert ! Ne pouvait-on pas se demander, avec « ce guetteur aux avant-postes d'une civilisation en péril », comme le qualifiera sur sa tombe une grande voix officielle, si ces quatre horribles années n'avaient pas été pour l'esprit pareilles à « ces périodes glaciaires où il semble que tout sur le Globe s'arrêta de vivre » ? S'il n'était que trop certain que la température « morale » de l'Univers avait baissé, nous-mêmes ne nous étions-nous pas laissé « entamer » ? Une constatation s'imposait : la spéculation de la pensée avait subi sur la montagne Sainte-Geneviève un « chômage » comme elle n'en avait pas encore vu au cours des siècles. Et quels changements partout dans la mentalité de la multitude ! Frénésie de plaisirs, insolence du luxe des enrichis, insouciance du lendemain, mépris des travaux de l'esprit, les moins rémunérés de tous, la condition matérielle de l'intellectuel devenue dramatique, culte du « veau d'or », autant de dangers qui seraient mortels pour l'avenir de l'espèce humaine si une telle faillite des « droits de l'esprit » devait être autre chose qu'une suite passagère de « la plus affreuse tension nerveuse ».

A la France, dont le vrai visage a été voilé, de se ressaisir, de se retrouver dans ses vertus ancestrales, à la

France de proclamer que la suprématie de l'intelligence et la morale sont les premières des nécessités sociales et qu'il faut les défendre à tout prix.

Sauver d'abord notre patrimoine spirituel était donc la première tâche à accomplir. Des hécatombes aveugles avaient décimé les rangs de ceux qui devaient assumer « la direction de la France ». Avant tout, il importait, écrivait Barrès, « de jeter un pont par-dessus l'abîme funèbre et de relier nos adolescents à nos vieillards prêts à emporter dans la tombe le secret du savoir ». Il fallait assurer la continuité de « la haute vie de l'esprit », essentielle à notre civilisation, qui a pour fondement, et jusque dans l'ordre matériel, les études les plus élevées.

Recruter et former les élites, mettre en pleine valeur le cerveau français, était, au surplus, une nécessité d'autant plus impérieuse que la faiblesse de la natalité exigeait que la qualité suppléât à la déplorable insuffisance du nombre.

C'est ce grand sujet qu'avant de tenter la moindre action au Parlement Barrès, parlementaire avisé et conscient, en outre, de son ascendant personnel sur cette force irrésistible qu'est l'opinion publique, traita d'abord dans une vigoureuse campagne de presse, effort magnifique qu'il poursuivit, avec de fréquentes interventions à la Tribune, jusqu'à son dernier souffle.

Barrès était bien dans sa ligne : servir ? Et comment d'ailleurs le pieux amant de cette « colline inspirée » aurait-il pu se défendre de saisir, dans une tâche d'aussi haute envergure, l'occasion d'élever son âme au-dessus de « l'océan de prosaïsme » où il étouffait ?

Pour Barrès, une première condition favorable devait être de créer dans le grand public « le préjugé que la vocation des Hautes Études est noble ». Et aux privilégiés d'hier, mis en péril par l'évolution générale, il conseillait, au lieu de « la bataille des affaires », la lutte pour la « supériorité du savoir », où ils formeraient une « tête de société » dans les « équipes de la Science ». Paroles profondément sages, mais, il faut l'avouer, demeurées encore sans écho. Combien trop rares, dans les milieux visés par Barrès, comme du reste elles le furent de tout temps dans les classes fortunées, sont les familles où est en honneur cette ambition de qualité supérieure !

L'intérêt public, d'autre part, veut que le Haut Enseignement soit accessible, où qu'elle éclose, à toute intelligence d'élite, véritable bien national, dont la mise en valeur accroîtra la force de la Nation. Quel désastre ce serait si le travail de l'esprit, plus que jamais nécessaire, devenait « un luxe, un privilège du sort » ! Qu'adviendrait-il de toutes nos « œuvres de civilisation » ? Or, par un fatal contre-coup de la vie matérielle, nous assistons à une désertion des Hautes Études par la jeunesse. Barrès donna tous ses soins à cette question capitale, dont la solution réside dans une large augmentation du budget des bourses d'études. Et l'on sait aussi la grande part qu'il prit dans l'originale et opportune institution des prêts d'honneur aux étudiants.

Si les fortes vocations sont rares, elles sont fécondes entre toutes, parce qu'en dehors des créations dont est faite leur œuvre propre elles agissent autour d'elles en suscitant l'enthousiasme. Barrès aimait à rappeler que Napoléon, parlant du génie militaire, disait volontiers qu'il est fait de toutes les préparations militaires, et puis « de l'étincelle, de l'intuition créatrice, de la part divine ». La part divine dans le travail de l'esprit, c'est « la flamme de l'enthousiasme ». S'il n'est pas en notre pouvoir de créer le génie, « il dépend de nous, observait-il, de créer des milieux de grande culture », qui favorisent l'apparition de la part divine. « Une grande âme rayonne et transforme à son contact hommes et choses..., elle fait monter la moyenne humaine ». Pour aider le « jaillissement des grandes pensées », pour créer ces sanctuaires de l'intelligence, Barrès estimait que tout devait être mis en œuvre. Il souhaitait que des dotations spéciales permissent aux esprits supérieurs de « faire leur milieu », et cela où qu'ils fussent, déplorant que Paris restât toujours le seul « pays de la gloire ».

Par ailleurs, envisageant le rayonnement de la France dans le Monde, Barrès considère que l'effort le plus utile est de « mettre très haut quelque chose de très beau qui soit vu par l'Univers entier ». Rien, à ses yeux, n'a servi la France dans l'opinion mondiale comme le fait de Verdun. Pareillement, « quand on considère des hommes de génie, un Claude Bernard, un Pasteur, un Berthelot, un Curie », il n'est pas contestable, ajoute-t-il, que leurs travaux « illuminent la France ». On ne saurait illustrer avec plus de force l'idée que le vrai prestige d'une nation tient surtout à ses hommes supérieurs, et que sa vitalité dépend avant tout de la gestion de son capital intellectuel. *Humanum paucis vivit genus.*

S'il y avait, dans toute sa campagne pour la Haute Intelligence, un « front » unique, Barrès vit dès le premier moment quel effort particulièrement énergique réclamait la cause des Sciences expérimentales. A un pays qui est dominé, y brillant au premier rang, par la tradition des Lettres et des Arts, l'occasion était d'ailleurs bonne de dire, comme leçon de la Guerre, la vérité, toute la vérité : pour pouvoir briller, il faut d'abord exister. Or, que peut bien être l'existence d'un peuple sans la sécurité, sans l'indépendance, sans quelque prospérité ? Et comment posséder ces bienfaits loin des sciences de la Nature, dont l'étude conduit à toujours mieux connaître et mieux utiliser des réserves de forces inépuisables ? Il fallait donc développer la culture des Sciences ; il fallait organiser solidement la recherche scientifique, mère de tous les progrès de l'Industrie, de l'Agriculture, de la Médecine, de l'Hygiène, génératrice de forces matérielles, lesquelles apparaissaient, et de plus en plus, comme l'indispensable support des forces morales.

Barrès s'adressa par la grande Presse à tous les Français, dont la plupart ignoraient encore tant de choses d'importance vitale. Et, dans la suite, la question étant jugée mûre, c'est à la Tribune qu'il la porta, dans un discours célèbre sur la recherche scientifique, qui restera, par son élévation et par l'intérêt du sujet pour l'avenir de la France et de l'Humanité, comme un des plus beaux et des plus utiles qui aient honoré notre Parlement.

Les considérations développées par Barrès tiennent tout entières dans cette formule : « Dans l'œuvre commune de libération du sol français, l'homme des laboratoires a été digne de son frère martyr l'homme des tranchées. Maintenant les savants peuvent servir la France victorieusement dans la Paix. Donnez-leur-en les moyens ».

Que la Science, par ses productions industrielles de toutes sortes, ait joué un rôle essentiel durant toute la Guerre; que la France eût fatalement succombé si, pour ne considérer qu'une implacable alternative, elle n'eût réussi à organiser en hâte, pour, en fin de compte, y remporter des succès éclatants, cette guerre si terriblement scientifique dite guerre chimique, cela, de toute évidence, ne saurait être sérieusement contesté.

Une question à ce propos nous est souvent posée. Comment a-t-il pû se faire que la Science française, laquelle, habitant surtout les sommets, était réputée moins apte que celle de l'adversaire aux réalisations pratiques, ait pu ainsi tenir en échec sa puissante rivale en un domaine où on la jugeait invincible? La réponse est simple. Le génie français, dont « le coup d'aile va le plus haut », disait Barrès, sans parler de ses facultés d'improvisation, fut « mieux géré », durant la Guerre qu'il ne l'avait été durant la Paix. Les savants français disposèrent, pour coopérer à la victoire, de moyens de travail, tant en personnel qu'en matériel, qu'aucun d'eux ne connut jamais avant la Guerre. Que n'eussent-ils pas fait encore si l'on eût été dans le passé moins imprévoyant, si, dès le temps de paix, soucieux de mieux utiliser pour l'intérêt de la collectivité les forces de l'esprit, on eût compris qu'il est des économies ruineuses, comme le seraient celles que le semeur réaliserait sur la semence. Voilà ce qu'il faut savoir, ce qu'il faut dire et redire. Alors que la Science était bien loin d'occuper, en France, la place qu'aurait dû lui assurer son importance dans l'évolution du Monde moderne, ailleurs, au contraire, elle était l'objet de toute la sollicitude des Pouvoirs publics et des classes dirigeantes. Il ne fallut rien de moins que la menace d'un péril de mort pour que le Pays, se tournant tout à coup vers ses savants, leur demandât de parer, de toute urgence, aux conséquences d'une incurie séculaire. Qu'on fasse donc, en France, moins de politique, et qu'on se préoccupe de mieux exploiter les richesses nationales, et, entre toutes, la principale, l'intelligence française, et ce pays ne sera pas seulement grand par la générosité de son cœur et la fécondité de son esprit, il connaîtra aussi la prospérité économique et, par elle, la véritable puissance.

La Paix ! Ah ! certes, quel Français ne la désire, et de toute son âme ! Et il n'était point de vœu plus cher au cœur de Barrès, enfant de cette Lorraine qui depuis des siècles monte la garde de la Patrie. Nous ne savons que trop ce que coûte la guerre, nous les vainqueurs ! Mais, nous ne voulons point de « paix qui tremble » ; seule est digne de la France, en attendant la réalisation ardemment souhaitée des rêves généreux de nos diplomates, une paix forte qui impose le respect.

Barrès, il est superflu de le remarquer, eut soin de ne négliger dans son apostolat aucun aspect du sujet. Envisageant, notamment, la question sociale, il observe qu'il n'y a pratiquement aucune limite à la somme de richesses susceptibles d'être produites si l'on veut appliquer partout les méthodes de production scientifique. Il n'est dès lors, pour apaiser la lutte des classes, que de créer des richesses nouvelles, dont la mise au jour permettra de donner à chacun la part de bien-être qu'il mérite. Quand on en sera partout convaincu, la paix sociale aura fait un grand pas.

En vérité, de quelque côté qu'on regarde l'avenir, le développement de la culture des Sciences, Barrès le clamait très haut, s'impose irrésistiblement. Et ici un point nous tient à cœur. Bien loin de souhaiter que l'on délaisse les Lettres et les Arts, qui font d'ailleurs tant aimer et admirer la France, l'on professe couramment, dans nos milieux, qu'il convient, pour la formation de l'esprit, d'allier étroitement les Humanités et les Sciences. Au jugement d'un illustre écrivain, « les Sciences, sans les Lettres, sont machinales et brutes, et les Lettres, privées des Sciences, sont creuses, car la Science est la substance des Lettres ». Nous tenons, au surplus, pour indispensable, à mesure que les découvertes scientifiques, en augmentant le pouvoir de l'homme, lui

apportent de nouveaux moyens de préserver sa santé et
de nouvelles possibilités d'existence facile et de jouissances matérielles, et aussi lui donnent, hélas! par une
revanche de la Nature domptée mais demeurée rebelle,
des armes de plus en plus puissantes contre son semblable, nous tenons pour indispensable, disons-nous, de
cultiver d'autant plus jalousement tout ce qui fait les
belles et nobles âmes : la sensibilité, la sentimentalité,
le goût, la moralité, l'idéalisme. Mais nous affirmons
que ce pays ne restera une grande nation et une des lumières de l'Humanité, nous affirmons qu'il ne restera, en
un mot, la France, que si, cessant de vivre en dilettante,
comprenant enfin que Science est puissance, que Science
est prospérité et sécurité, il sait mieux tirer parti de la
souplesse de son intelligence et de la variété de ses aptitudes en utilisant une plus large part de l'activité de l'élite
dans les carrières des Sciences de la Nature et de leurs
applications. Et l'on peut alors prévoir qu'avec la Science
pour aliment et pour soutien la pensée française, par
ailleurs si nécessaire à la santé morale du Monde, bril-
lera d'une splendeur qu'elle ne connut jamais.

Quelle perte, pour la cause, que la mort prématurée
de Barrès! Planant au-dessus des partis, ce grand Français lui avait gagné tous les partis. Ce qui faisait la
beauté et la force de son système, c'était une admirable
unité. « Nous n'aurons vraiment de grands résultats
agricoles, industriels, commerciaux, disait-il, que si
nous procédons à une refonte de la Haute Culture. » « Je
défends, dit-il un jour à la Tribune, l'église de village au

même titre que le Collège de France ». Analysant les causes profondes de la victoire, « c'est le cœur, écrivait-il, qui donna au cerveau le temps d'inventer les moyens de vaincre ». « Chaleur morale », « fabrication de la pensée », et tant d'autres, lapidaires et compréhensives, sont expressions courantes dans ses discours et ses écrits sur cette question vitale de la Haute Intelligence.

D'importants résultats, certes, sont acquis. L'élan est donné, et tout ce grand mouvement auquel nous assistons en faveur de la recherche scientifique est de bon augure. Mais, pour l'entretenir et l'intensifier encore, où trouver un nouveau Barrès ? Du moins nous efforçons-nous de le continuer en continuant sa croisade, avec le ferme espoir que le souvenir de la foi ardente avec laquelle ce prince des Lettres se fit l'avocat de la Science pour l'avenir de la Patrie nous aidera à convaincre la foule encore nombreuse des indifférents. Et, plus tard, quand la France, devenue prospère et forte, au travail dans la tranquillité d'une paix sûre du lendemain, rayonnera de toute sa pensée rajeunie et toujours humaine, l'Histoire dira qu'un des artisans les plus clairvoyants de sa résurrection et de sa grandeur, après la terrible épreuve, fut un digne fils de la terre de Jeanne d'Arc, Maurice Barrès, grand écrivain protecteur des Sciences.

TABLE DES MATIÈRES

Toulouse. — Impr. et Libr. Édouard Privat. — 9941. — 11-1918